Prof. Dr.-Ing. M. Geimer
Dipl.-Ing. C. Pohlandt

Grundlagen mobiler Arbeitsmaschinen

Karlsruher Schriftenreihe Fahrzeugsystemtechnik
Band 22

Herausgeber
FAST Institut für Fahrzeugsystemtechnik
Prof. Dr. rer. nat. Frank Gauterin
Prof. Dr.-Ing. Marcus Geimer
Prof. Dr.-Ing. Peter Gratzfeld
Prof. Dr.-Ing. Frank Henning

Das Institut für Fahrzeugsystemtechnik besteht aus den eigenständigen Lehrstühlen für Bahnsystemtechnik, Fahrzeugtechnik, Leichtbautechnologie und Mobile Arbeitsmaschinen

Eine Übersicht über alle bisher in dieser Schriftenreihe erschienenen Bände finden Sie am Ende des Buchs.

Grundlagen mobiler Arbeitsmaschinen

von
Prof. Dr.-Ing. M. Geimer
Dipl.-Ing. C. Pohlandt

KIT Scientific Publishing

Impressum

KIT Scientific Publishing

Karlsruher Institut für Technologie (KIT)
KIT Scientific Publishing
Straße am Forum 2
D-76131 Karlsruhe

KIT Scientific Publishing is a registered trademark of Karlsruhe Institute of Technology. Reprint using the book cover is not allowed.

www.ksp.kit.edu

Print on Demand 2014

ISSN 1869-6058
ISBN 978-3-7315-0188-6
DOI: 10.5445/KSP/1000039443

Vorwort

Das vorliegende Buch wird begleitend zur Vorlesung „Mobile Arbeitsmaschinen“ am Karlsruher Institut für Technologie (KIT) herausgegeben. Es soll die in der Vorlesung von Vortragenden aus der Industrie vermittelten Inhalte in einen Zusammenhang stellen. Nach einer Definition des Begriffes „mobile Arbeitsmaschine“ werden in dem ersten Teil die Grundlagen und der Aufbau der Maschinen behandelt. Es werden dabei systematisch der Aufbau der Maschinen erläutert und die in den Maschinen eingesetzten Technologien beschrieben. Beginnend von der Energiequelle wird der Energiefluss in den Maschinen bis zu deren Abtrieben verfolgt. Beispielsweise werden die Systeme Primärenergieversorgung, z. B. Kraftstofftank und Verbrennungsmotor, die Energiewandler in Fahr- und Arbeitsantrieben oder die Abtriebe, wie z. B. das Rad, erläutert. Weitere, für den Betrieb notwendige Systeme, wie z. B. die Lenkung, sind im Kapitel Nebenantriebe und Zubehör zu finden.

Im zweiten Teil werden die in den Maschinen eingesetzten Technologien und der Aufbau verschiedener mobiler Arbeitsmaschinen beschrieben. Es wurden aus den verschiedenen Bereichen typische Maschinen, wie Traktoren und Mähdrescher, Radlader und Kommunalmaschinen, ausgewählt. Ergänzt wird dieser Teil durch ausgewählte Themen aus den mobilen Arbeitsmaschinen. Dieses Kapitel kann aufgrund der heute vorzufindenden Maschinen nicht vollständig sein, gibt aber an Hand der Beispiele zumindest einen Überblick. Die Inhalte orientieren sich an den in der Vorlesung behandelten Themen.

An dieser Stelle möchten sich die Autoren bei den Mitgliedern des Stiftungsvereins MOBIMA e. V. für die Ausarbeitung der spezifischen Unterkapitel, die Überlassung von Bildmaterial und die Unterstützung bei der Erstellung des Buches herzlich bedanken.

M. Geimer, C. Pohlandt *Karlsruhe, im März 2014*

Inhaltsverzeichnis

Teil I

Grundlagen und Aufbau mobiler Arbeitsmaschinen

1 Einleitung und Grundlagen

Der Begriff „Mobile Arbeitsmaschine“ ist in der Literatur sehr häufig zu finden, obwohl hierzu keine exakte, allgemein gültige und anerkannte Definition existiert. So wird beispielsweise der Ausdruck „mobile Maschinen und Geräte“ in der Richtlinie 97/68/EG zur Abgasgesetzgebung wie folgt definiert:

> „ ‚mobile Maschinen und Geräte‘ [sind] mobile Maschinen, mobile Ausrüstungen der Fahrzeuge mit und ohne Aufbau, die nicht zur Beförderung von Personen oder Gütern auf der Straße bestimmt sind und in die ein Verbrennungsmotor eingebaut ist“. [EG97]

In der genannten Richtlinie wird der Schadstoffausstoß von verbrennungsmotorisch getriebenen Fahrzeugen reguliert, wobei hierfür eine Abgrenzung zwischen den zu regulierenden Bereichen, wie z. B. Pkws, Lkws, Schiffen und mobilen Maschinen, geschaffen wird. In diesem Sinne fokussiert die Definition auf eine Abgrenzung von verbrennungsmotorisch angetriebenen Fahrzeugen. Elektrostapler beispielsweise werden jedoch zweifelsfrei zu den mobilen Arbeitsmaschinen gerechnet, so dass die Definition dieser Richtlinie für eine allgemeingültige Definition nicht zielführend ist.

Ein Blick in die Maschinenrichtlinie [EG06] zeigt, dass die Definition einer Maschine sehr weit gefasst ist, um eine Richtlinie mit einem breiten Anwendungsspektrum zu erhalten:

> „ ‚Maschine‘
>
> - ist eine mit einem anderen Antriebssystem als der unmittelbar eingesetzten menschlichen oder tierischen Kraft ausgestattete oder dafür vorgesehene Gesamtheit miteinander verbundener Teile oder Vorrichtungen, von denen mindestens eines bzw. eine beweglich ist und die für eine bestimmte Anwendung zusammengefügt sind;

- eine Gesamtheit im Sinne des ersten Gedankenstrichs, der lediglich die Teile fehlen, die sie mit ihrem Einsatzort oder mit ihren Energie- und Antriebsquellen verbinden; “ [EG06]

Charakteristisch für eine solche Maschine ist folglich ein nicht menschliches oder tierisches Antriebssystem. Eine Maschine kann aber auch stationär aufgestellt sein, wie z. B. eine Werkzeugmaschine. Aus diesem Grund ist auch die Maschinenrichtlinie nicht geeignet, den Begriff „mobile Arbeitsmaschine“ zu definieren.

Aus diesem Mangel heraus versuchen verschiedene Quellen, den Begriff „mobile Arbeitsmaschine“ zu definieren. *MARTINUS* [Ma04] stellt den Arbeitsprozess in den Vordergrund und definiert mobile Arbeitsmaschinen an Hand von drei Kriterien:

- „Die Erledigung eines Arbeitsprozesse steht im Vordergrund ihrer Funktionalität“
- „Die eigenständige Fortbewegung ist direkte Voraussetzung ihrer Hauptfunktion(en), entweder als Teilprozess [...] oder als Nebenfunktion“
- „Die Mobilität der Maschine darf nicht an festgelegt Bahnen, wie z. B. Schienensysteme, Induktionsschleifen, etc. gebunden sein, ...“

Insbesondere letzterer Punkt schließt 2-Wege Fahrzeuge, wie z. B. einen Bagger oder ein Multifunktionsgerät, aus. Es ist schwer vermittelbar, warum ein Bagger, der als Option ein solches System eingebaut hat und sich auf Schienen befindet, zumindest zeitweise nicht als mobile Arbeitsmaschine gelten soll.

In Abwandlung hat *LANG* in [La06] die Definition nicht an festgelegten Bahnen fest gemacht und in den Bereich des Maschinenwesens eingeordnet. Er ordnet sie dabei den Maschinen unter, auf einer Ebene mit Arbeitsmaschinen, wie z. B. Generatoren, Pumpen oder Werkzeugmaschinen, und Fahrzeugen, wie z. B. Wasserfahrzeugen oder Luftfahrzeugen. Als Charakteristika für mobile Arbeitsmaschinen definiert *LANG*:

- ein nicht stationäres Arbeiten, „also deren Einsatzort durch eigenen oder fremden Antrieb gewechselt werden kann“ [La06],
- eine nicht stationäre Energieversorgung und

- die Verrichtung von Arbeitsprozessen.

Insbesondere der erste und zweite Punkt, das eigenständige Wechseln des Einsatzortes und die nicht stationäre Energieversorgung, müssen sich nicht bedingen. Unter Tage gibt es Maschinen, wie z. B. einen Bagger, der über ein langes Stromkabel mit einer elektrischen Energieversorgung verbunden ist. Eine solche Maschine würde streng genommen nicht unter die von *LANG* aufgestellt Definition fallen.

In weiteren Arbeiten, wie z. B. [Fl13], werden unterschiedliche Definitionen von mobilen Arbeitsmaschinen in Bezug auf ihre Relevanz und den Einbezug möglicher, besonderer Maschinen diskutiert. [Fl13] schließt sich in seiner Arbeit der Definition von *LANG* [La11] an, die jedoch auch die bereits oben diskutierte Einschränkung auf eine nicht stationäre Energieversorgung besitzt.

Auch *KAUTZMANN* stellt den Zweck einer mobilen Arbeitsmaschine in den Vordergrund und definiert die Maschinen wie folgt: [Km13]

- „Mobile Arbeitsmaschinen haben den Zweck, eine Arbeit zu verrichten, sie verfügen daher über einen Fahr- und Arbeitsantrieb“,
- „dabei besitzen sie über alle für sie bestimmten Einsatzzwecke Belastungsprofile, die signifikante Energieanteile sowohl innerhalb des Fahr- als auch des Arbeitsantriebs aufweisen“ und
- „Mobile Arbeitsmaschinen haben weiter eine integrierte Energiequelle mit beschränkter Kapazität“.

Er kommt damit der Definition von *LANG* sehr nahe, schließt aber über eine integrierte Energiequelle z. B. an einem Kabel betriebene Bagger aus.

In diesem Buch soll die Definition einer mobilen Arbeitsmaschine sehr weit gefasst werden:

> **Mobile Arbeitsmaschinen haben die Aufgabe der Verrichtung eines Arbeitsprozesses; sie verfügen dazu über einen Fahr- und Arbeitsantrieb mit signifikanten Energieanteilen in beiden Antrieben.**

Dies hat zur Folge, dass Arbeitsmaschinen, die z. B. direkt mit elektrischer Energie an einem langen Kabel versorgt werden, in die Betrachtung ebenso einbezogen werden, wie 2-Wege-Fahrzeuge. Dies hat den Vorteil, dass ähnlich aufgebaute Maschinen unter diese Definition fallen.

Mobile Arbeitsmaschinen unterscheiden sich damit von einem Pkw und Lkw durch ihre Arbeitsantriebe und von stationären Maschinen durch ihren Fahrantrieb.
Eine Untergliederung kann branchenspezifisch erfolgen:

- Landmaschinen:
  z. B. Traktoren, Erntemaschinen, Feldhäcksler
  oder auch Traktor-Gerätekombinationen
- Forstmaschinen:
  z. B. Holzernter, Rückekran oder Holzhacker
- Baumaschinen:
  z. B. Bagger, Radlader, Straßenfertiger oder Planiermaschinen
- Kommunalmaschinen:
  z. B. Müllsammelfahrzeuge, Straßenreinigungsmaschinen,
  Mähgeräte oder Universalgeräteträger
- Hebe- und Fördermaschinen:
  Stapler oder Mobilkrane
- Sondermaschinen:
  z. B. Pistenraupen oder Gleisbettzüge

Zur präzisen Abgrenzung sollen an dieser Stelle noch Beispiele diskutiert werden, die ggf. unter die genannte Definition fallen. Gleisbettzüge oder Mehrwegefahrzeuge, wie z. B. ein Mobilbagger, fallen unter die Definition der mobilen Arbeitsmaschinen, da sie Fahr- und Arbeitsantriebe besitzen und ihre primäre Aufgabe die Verrichtung des Arbeitsprozess Gleisbettpflege oder die Wartung an Schienen ist. Auch Baumaschinen mit langem Kabel, wie z. B. Bagger unter Tage oder in Minen mit begrenzter Reichweite, fallen hierunter. Sie sind in ihrem Aufbau anderen Baumaschinen sehr ähnlich.

Auch ein Tagebaubagger oder eine Tunnelfräsmaschine fallen unter diese Definition, auch wenn sie nur einen sehr begrenzten Aktionsradius besitzen und sich nur sehr langsam bewegen können. Sicherlich gibt es aufgrund der eingesetzten Systeme Gründe, solche Maschinen auch zu dem stationären Bereich zu zählen. Dennoch besitzen sie viele Gemeinsamkeiten mit anderen mobilen Arbeitsmaschinen und werden daher zu diesen gezählt.

Nicht unter diese Definition würde beispielsweise ein Lkw mit einer Kippfunktion fallen. Die Kippfunktion hat zum einen keinen signifikanten Energieanteil und der Lkw hat die Aufgabe, Ladung zu transportieren. Konsequent wäre dies auch in Bezug auf die einschlägigen Richtlinien und Normen. Eine gewisse Sonderstellung nehmen die Traktoren und die Universalgeräteträger ein. Es wird keinen Fachmann geben, der einen Traktor nicht zu den mobilen Arbeitsmaschinen zählt. Dennoch besitzt er keine direkte Arbeitsfunktion, sondern stellt für diese „nur“ die notwendige Energie bereit. Insofern ist streng genommen nur die Kombination aus Traktor und Anbaugerät eine mobile Arbeitsmaschine. Der Traktor wird aber aufgrund seines üblichen Einsatzes immer mit dem Anbaugerät eine solche Arbeit verrichten und kann daher als mobile Arbeitsmaschinen aufgefasst werden.

Den grundsätzlichen Aufbau mobiler Arbeitsmaschinen zeigt **Abb. 1.1**. Eine Primärenergiequelle, i. d. R. ein Verbrennungsmotor mit Kraftstofftank oder eine Batterie, stellt die für die Arbeitsaufgabe benötigte Energie an den Abtrieben zur Verfügung. Gemäß der festgelegten Definition werden zwei Hauptabtriebe unterschieden, der Fahr- und der Arbeitsantrieb. Alle weiteren Antriebe werden als Nebenantriebe bezeichnet.

Im dargestellten Beispiel eines Teleskopladers ist die Primärenergiequelle ein Tank mit Verbrennungsmotor, der für den hydrostatischen Fahrantrieb und die Arbeitshydraulik die notwendige Energie erzeugt. Fahr- und Arbeitsantrieb besitzen als generatorischen Teil eine Hydraulikpumpe. Im Fahrantrieb wird die hydraulische Leistung zu einem Hydromotor geführt und dort am Abtrieb (motorischer Teil) für den Fahrantrieb erneut gewandelt.

Im Arbeitsantrieb befindet sich zwischen generatorischem und motorischem Teil noch ein konduktiver Teil in Form eines Ventilblocks, der die Leistung auf die einzelnen Verbraucher, hier das Heben des Teleskoparms, das Kippen der Schaufel und das Ausfahren des Teleskops, steuert. Der Ventilblock kann im Weiteren noch in seine einzelnen Komponenten, z. B. eine Ventilsektion für eine Funktion, zerlegt werden. Nicht dargestellt sind hier die Nebenantriebe, wie z. B. die Lenkung oder die Hydraulikölkühlung. Eine mobile Arbeitsmaschine kann so, beginnend bei der Maschine in unterschiedliche Systeme, Subsysteme und Komponenten unterteilt werden, vgl. hierzu Abb. 1.1.

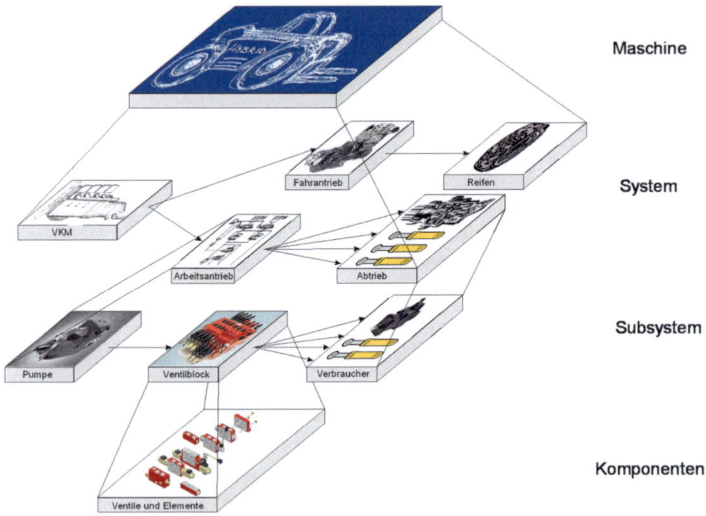

Abb. 1.1: *Aufbau mobiler Arbeitsmaschinen*

Entsprechend dieser Unterteilung mobiler Arbeitsmaschinen erfolgt die Gliederung des ersten Buchteils in Primärenergieversorgung (Kapitel 2), Fahrantrieb (Kapitel 3), Arbeitsantrieb (Kapitel 4) und Nebenantriebe und Zubehör (Kapitel 5).

2 Primärenergieversorgung

Fahr- und Arbeitsantrieb einer mobilen Arbeitsmaschine zur Durchführung der Arbeitsaufgabe werden nach **Abbildung 2.1** von einer Primärenergieversorgung, bestehend aus Primärenergiequelle und einem –wandler mit Energie versorgt.

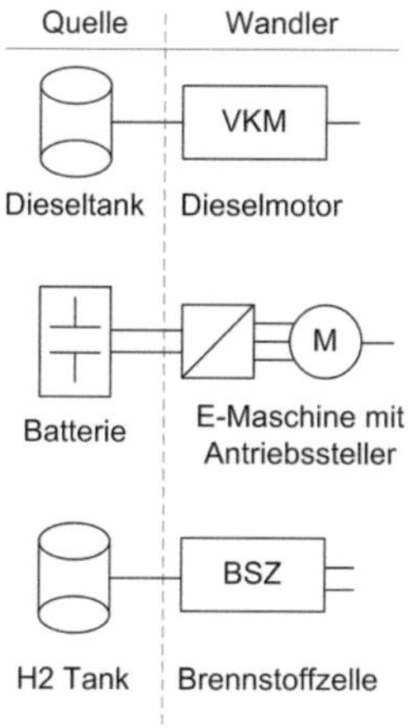

***Abb. 2.1:** Primärenergiequellen und -wandler*

Als Primärenergiewandler ist heute bei mobilen Arbeitsmaschinen mit Abstand am häufigsten die Verbrennungskraftmaschine (VKM) anzutreffen. Die im Kraftstoff gespeicherte Energiedichte ist hoch, sodass die Maschinen bei einem bestimmten Energiebedarf kompakt gebaut werden können. Der am häufigsten eingesetzte Kraftstoff ist Diesel. In einzelnen Anwendungen wird aber auch Benzin eingesetzt.

Neben dem Kraftstoff ist heute die elektrische Batterie eine andere in mobilen Arbeitsmaschinen anzutreffende Energiequelle. Ein Beispiel ist der

Elektrostapler, welcher heute überwiegend mit einer Bleibatterie betrieben wird. **Tab. 2.1** zeigt die spezifischen Energiedichten der Kraftstoffe, sowie weiterer ausgewählter Energieträger.

Tab. 2.1: *Spezifische Energiedichte ausgewählter Energieträger, in Anlehnung an [Li08], [Bu01]*

Bauelement	**Energiedichte [MJ\kg]**
Elektrolytkonsensator	0,00005
Doppelschichtkondensator	0,02
Bleiakkumulator	0,10 - 0,18
Lithium-Ionen-Akkumulator	0,40 - 0,58
Erdgas	11,2 - 38,2
Diesel	42,5
Benzin	42,7 - 43,5
Methan	50
Wasserstoff	120
Kernspaltung	90.000.000

Unter Berücksichtigung des aktuellen Trends mit der Notwendigkeit der Elektrifizierung mobiler Arbeitsmaschinen werden in diesem Kapitel auch elektrische Speicher und Brennstoffzellen beleuchtet.

Insbesondere im Bereich des Bergbaus sind heute mobile Arbeitsmaschinen mit einem Kabelanschluss zu finden. Diese Maschinen sind zum einen nur eingeschränkt mobil und zum anderen in ihrem technologischen Aufbau vergleichbar mit batterieelektrisch angetriebenen Maschinen. Aus diesem Grund muss auf diese Maschinen nicht gesondert eingegangen werden.

In den nun folgenden Kapiteln wird auf die genannten Primärenergiequellen und -wandler eingegangen.

2.1 Verbrennungskraftmaschine

Die Verbrennungskraftmaschine **Abb. 2.2**, wandelt die im Kraftstoff gespeicherte chemische Energie durch Verbrennung in mechanische Energie um. Beim Dieselmotor wird der Kraftstoff mit Hilfe eines sogenannten Common-Rail-Systems unter Hochdruck direkt in den Brennraum eingespritzt, **Abb. 2.3**. Bei der ottomotorischen Verbrennung (Benzinmotor) wird das Kraftstoffgemisch meist vor dem Brennraum erzeugt. Dabei wird in die dem Motor zugeführte Luft der Kraftstoff eingespritzt.

Abb. 2.2: *Verbrennungskraftmaschine, Quelle: Deutz [De]*

$$\begin{aligned}\eta_{Verbrennung} &= \frac{abgegebene\ Leistung}{im\ Kraftstoff\ gespeicherte\ Leistung} \\ &= \frac{M_{Welle} \cdot \omega_{Welle}}{\dot{m} \cdot h_u} \\ &= \frac{1}{b_e \cdot h_u} \\ &\sim \frac{1}{b_e}\end{aligned} \tag{2.1}$$

Zur Beurteilung von Dieselmotoren kann das Drehmomentkennfeld herangezogen werden, wie in **Abb. 2.4** gezeigt. Hier wird das bei einer Drehzahl maximal zur Verfügung stehende Moment als sogenannte Dachkurve dargestellt. In dieses Diagramm werden häufig zudem die Linien konstanten spezifischen Kraftstoffverbrauchs in g/kWh eingetragen. Wird der Kraftstoffverbrauch für das maximale Moment des Verbrennungsmotors ermittelt, so ergibt sich die in **Abb. 2.5** dargestellte Kurve. Man erkennt, dass der minimale Kraftstoffverbrauch unterhalb der Nenndrehzahl liegt und ein absoluter Wert von unter 200 g/kWh erreicht wird.

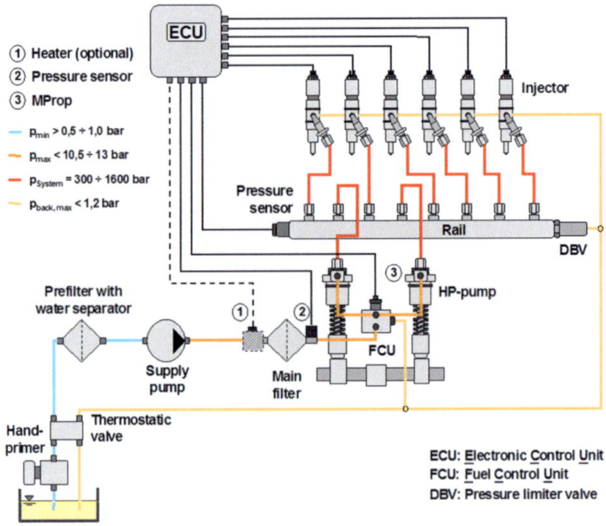

***Abb. 2.3:** Commmon-Rail-System, Quelle: Deutz [De]*

Die Drehmomentkennlinie weist ein ausgeprägtes Maximum, in dem Beispiel aus Abb. 2.4 bei einer Drehzahl von ca. 1.250 U\min, auf. Der Momentabfall vom Maximalmoment bis zum Moment bei Nenndrehzahl liegt heute im Bereich von über 30 %. Der Betriebspunkt des Verbrennungsmotors liegt in der Regel rechts vom Maximalmoment.

Durch diese Drehmomentcharakteristik wird verhindert, dass bei einer kurzzeitig starken Momentanforderung durch die Verbraucher der Dieselmotor abgewürgt wird. Der Dieselmotor geht vielmehr in Drückung, reduziert also seine Drehzahl, die für den Maschinenbediener hörbar ist, und kann das geforderte Moment bereit stellen.

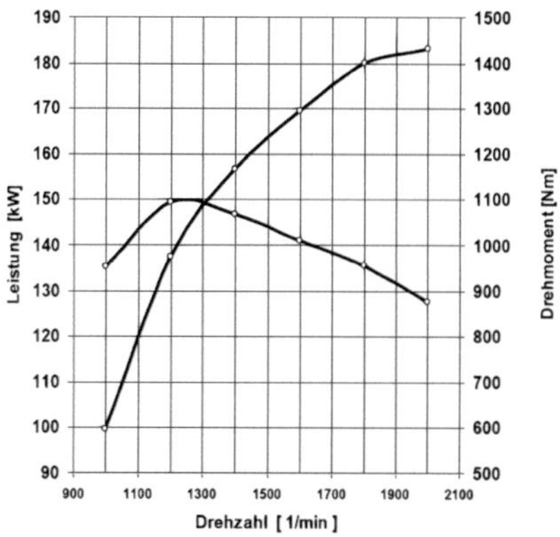

Abb. 2.4: *Drehmoment- und Leistungskennlinie eines 6-Zylinder Reihenmotor mit 10 l Hubraum und 183 kW Nennleistung, Quelle: Liebherr [Lh]*

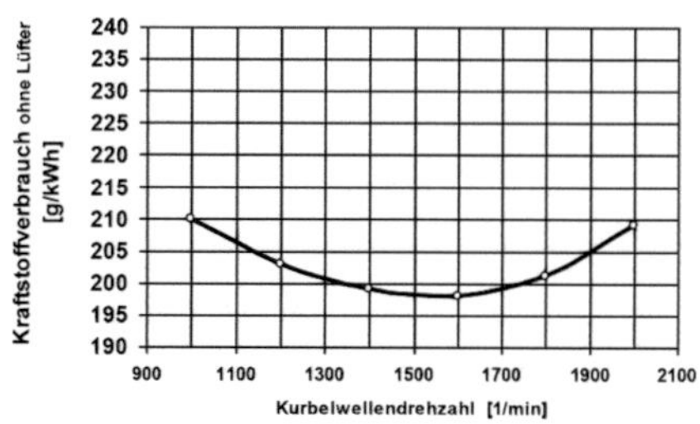

Abb. 2.5: *Spezifischer Kraftstoffverbrauch eines 6-Zyinder Reihenmotor mit 10 l Hubraum und 183 kW Nennleistung, Quelle: Liebherr [Lh]*

Die Leistungskennlinie des Verbrennungsmotors lässt sich direkt aus der Momentenkennlinie berechnen und hat das in Abb. 2.4 dargestellte Aussehen. Mit zunehmender Drehzahl steigt die Leistung des Verbrennungsmotors an. Oberhalb des Nennpunktes kann die Leistung sogar aufgrund des starken Momentabfalls wieder leicht abfallen.

Werden in die Drehmomentkennlinie zusätzlich die Linien konstanter Leistung eingetragen, so kann zu jeder Leistung der Punkt minimalen

Verbrauchs ermittelt werden. Werden die Punkte aneinandergereiht, ergibt sich die Linie des geringsten Verbrauchs, **Abb. 2.6**.

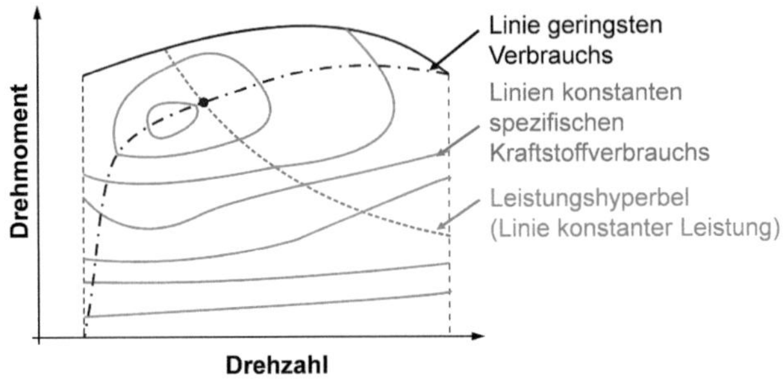

***Abb. 2.6:** Linie minimalen Verbrauchs*

Aufbau und Konstruktion eines Verbrennungsmotors werden heute maßgeblich durch die Abgasgesetzgebung festgelegt. Je nach Baujahr und Leistung des Verbrennungsmotors werden die im Abgas des Motors vorzufindenden Bestandteile reglementiert. In **Tab. 2.2** sind die europäischen gesetzlichen Regelungen für mobile Arbeitsmaschinen dargestellt.

Zur Erreichung der aktuellen Abgasvorschriften (Stand 2013: Stufe IIB bzw. Tier 4 interim) muss der Verbrennungsmotor mit einer Abgasrückführung (AGR) und einem Dieselpartikelfilter, „kalte Verbrennung", oder einem System zur selektiven katalytischen Reduktion (SCR-System), „heiße Verbrennung", ausgestattet sein. Für die ab 2014 gültige Abgasgesetzgebung muss im Verbrennungsmotor eine Kombination aus Dieselpartikelfilter, Dieseloxidationskatalysator, Abgasrückführung und SCR-System eingesetzt werden.

Abgasrückführsysteme reduzieren innermotorisch den NO_x-Ausstoß, wobei der rückgeführte Abgasstrom in der Regel vorher noch gekühlt werden muss. Der Dieselpartikelfilter sorgt dafür, dass die gesetzlich vorgeschriebene Partikelmenge nicht überschritten wird. Diese Systeme arbeiten, ohne dass der Bediener sich direkt um die Systeme kümmern muss. Nachteilig ist jedoch ein erhöhter Kraftstoffverbrauch der Motoren.

Bei einem SCR-System wird das Abgas mit einer wässrigen Harnstofflösung (Handelsname: AdBlue) behandelt, sodass die Stickoxide umgewandelt werden:

$$NH_3 + NO_2 + NO + O_2 \rightarrow N_2 + H_2O \tag{2.2}$$

Diese Technik hat einen niedrigeren Dieselkraftstoffverbrauch des Verbrennungsmotors zur Folge. Ein AdBlue-Verbrauch von 3 bis 8 % muss jedoch einkalkuliert und nachgetankt werden.

Tab. 2.2: *Grenzwerte durch die Abgasgesetzgebung, Quelle: VDMA*

Europa

	No_x	HC	CO	Partikel	Gültigkeits-datum
Motorleistung	No_x + NMHC				
kW	g/kWh	g/kWh	g/kWh	g/kWh	
Stufe I					
37 bis 75	9,2	1,3	6,5	0,85	Apr. 1999
75 bis 130	9,2	1,3	5,0	0,70	1999
130 bis 560	9,2	1,3	5,0	0,54	1999
Stufe II					
18 bis 37	8,0	1,5	5,5	0,8	2001
37 bis 75	7,0	1,3	5,0	0,4	2004
75 bis 130	6,0	1,0	5,0	0,3	2003
130 bis 560	6,0	1,0	3,5	0,2	2002
Stufe III A					
19 bis 37	7,5		5,5	0,6	2007
37 bis 75	4,7		5,0	0,4	2008
75 bis 130	4,0		5,0	0,3	2007
130 bis 560	4,0		3,5	0,2	2006
Stufe III B					
37 bis 56	4,7		5,0	0,025	2013
56 bis 75	3,3	0,19	5,0	0,025	2012
75 bis 130	3,3	0,19	5,0	0,025	2012
130 bis 560	2,0	0,19	3,5	0,025	2011
Stufe IV					
56 bis 130	0,4	0,19	5,0	0,025	Okt. 2013
130 bis 560	0,4	0,19	3,5	0,025	2014

2.2 Elektrische Energiespeicher

Elektrische Energiespeicher, auch als Batterie bezeichnet, besitzen eine wesentlich geringere Energiedichte als fossile Kraftstoffe, vgl. **Tab. 2.1**, so dass sie überall dort eingesetzt werden, wo Verbrennungsmotoren nachteilig bzw. nicht zugelassen sind. Ein Haupteinsatzgebiet sind Flurförderfahrzeuge, wie z. B. batteriebetriebene Stapler. Die in der Batterie gespeicherte chemische Energie wird dabei gemäß **Abb. 2.7** in elektrische Energie umgewandelt. Links im Bild ist die Entladekennlinie bei 10 % entladener Batterie dargestellt. Beginnend ab dieser Linie wird, je nach Entladestrom, eine Entladelinie durchfahren, bis die maximale Entladung der Batterie, z. B. 80 %, erreicht ist. Am Ende der Entladung wird eine Zellspannung erreicht, die auf der Linie der 80 % Entladung liegt und abhängig vom entnommenen Strom ist.

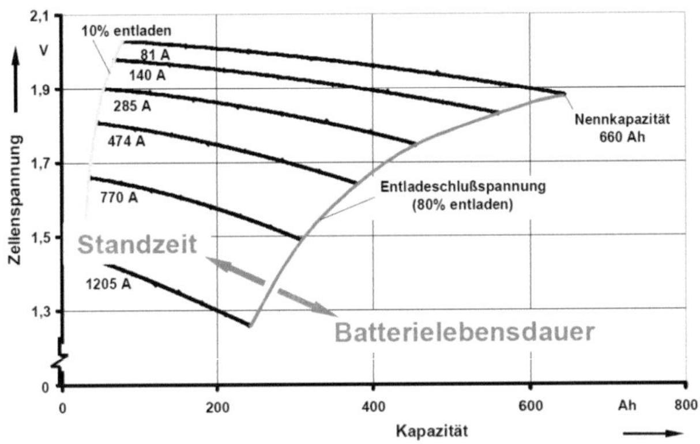

Abb. 2.7: *Batterieentladekennfeld [SC11]*

Die auf der X-Achse dargestellte Kapazität ist ein Maß für die aus der Batterie entnommene Energie. Sie ergibt sich aus der Differenz der Kapazität zum Ende der Entladung und der Kapazität zu Beginn der Entladung. Man erkennt aus der Abb. 2.7, dass die Nennkapazität der Batterie nur bei relativ geringen Entladeströmen erreicht wird. Bei hohen Entladeströmen, z. B. bei 1.205 A, kann nur eine wesentlich geringere Kapazität der Batterie entnommen werden. Im genannten Beispiel ist es weniger als die halbe Nennkapazität. Hohe Ströme führen also dazu, dass die Entladeschlussspannung früher erreicht wird. Die in der Batterie verbleibende ungenutzte Ladung könnte jedoch mit geringeren Strömen genutzt werden, um das Fahrzeug beispielsweise mit beschränkter Leistung zum Batterieladeplatz zu fahren. Bei der Berechnung der möglichen Betriebszeit einer Maschine sind diese Effekte zu berücksichtigen. Weitere typische Anforderungen an einen wiederaufladbaren elektrischen Energiespeicher sind:

- Energiedichte
- Temperaturbereich
- Leistungsdichte
- Zyklenlebensdauer
- Lade- und Entladezeit
- Selbstentladung
- Entladecharakteristik
- Kosten
- Sicherheit
- Überlade- und Überentladeschutz

2.2.1 Prinzipieller Aufbau einer Batterie

Eine Batterie ist prinzipiell aus einzelnen Zellen aufgebaut, vgl. **Tab. 2.3**. Die Zellen sind in unterschiedliche Typen eingeteilt, je nach Bauform. Grundsätzlich ist eine Zelle immer ein galvanisches Element, bestehend aus Elektrodenpaar, Elektrolyt, evtl. Separator und Gehäuse.

Tab. 2.3: *Zelltypen [JC] [LiTec]*

Zylindrische Zelle	Prismatische Zelle	Pouch Zelle
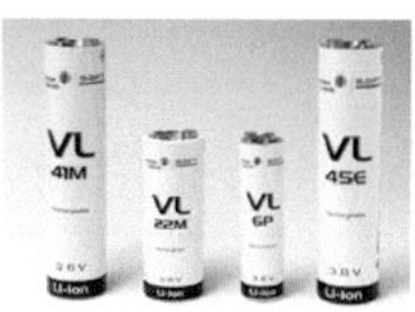		

Die positive Elektrode wird als Anode bezeichnet. Sie nimmt Elektronen auf und gibt diese über den Stromableiter ab. Hier findet die Oxidationsreaktion statt, d. h. die aus dem Elektrolyten kommenden Anionen werden entladen bzw. neutrale Atome werden zu Kationen. Die negative Elektrode wird als Kathode bezeichnet und gibt Elektronen ab. Hier findet die Reduktion statt. Anode und Kathode bilden zusammen das Elektrodenpaar einer Zelle. Werden die Anode und Kathode nun zu einem Stromkreis verbunden, fließen über diese äußere Verbindung Elektronen zur Kathode. In diesem äußeren Stromkreis wirkt die Anode dann als Minuspol (z. B. bei Batterien und Brennstoffzellen). Bei wiederaufladbaren Batterien, auch Sekundärelement oder Akkumulator genannt, kann dieselbe Elektrode abwechselnd als Anode oder Kathode arbeiten, je nachdem ob die Batterie geladen oder entladen wird. Vereinfacht lässt sich nach **Abbildung 2.8** eine Batterie als Spannungsquelle U_0 mit einem Innenwiderstand R_i annehmen. An den Klemmen lassen sich Strom I_B und Spannung U_B entnehmen.

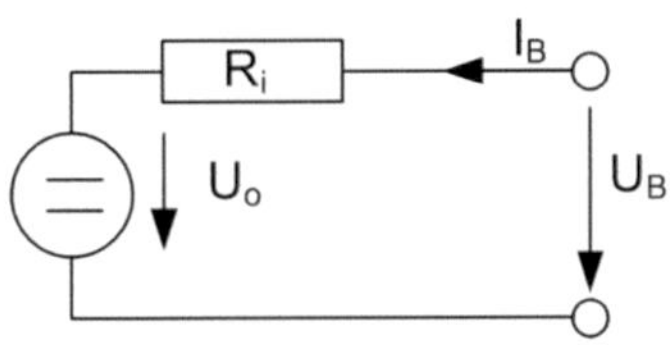

Abb. 2.8: *Vereinfachtes Ersatzschaltbild einer Batterie, in Anlehnung an [Sc03]*

Um die Batterie sicher, zuverlässig und lange betreiben zu können sind neben der Zellchemie und dem Zelltyp auch ein zusätzliches Batteriemanagementsysteme (BMS) von Bedeutung.

Ein BMS erfüllt dabei folgende grundlegende Funktionen:

1. Sicherheitsfunktion

2. Kontroll- und Überwachungsfunktionen

3. Thermo-Managementfuntionen

Die Zusammenschaltung zahlreicher Zellen führt zu einem Battriesystem, vgl. **Abbildung 2.9**. Das dargestellte System besteht aus 35 Zellen *à* 6.5 Ah und ist ausgestattet mit einer Flüssigkeitskühlung.

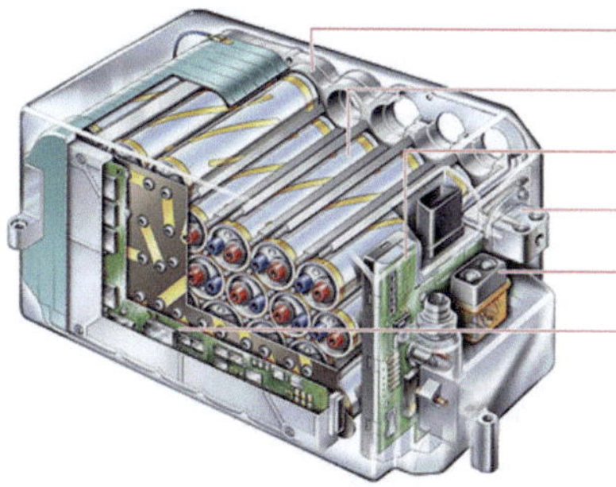

Abb. 2.9: *Li-Ionen Batteriesystem [Ko11]*

Tab. 2.4 stellt die spezifischen Energiedichten verschiedener Batteriesysteme gegenüber. Bei einer Gesamsystembetrachtung ist der Vergleich einzelner Massen nicht zielführend, da die zur Verfügung stehende mechanische Leistung die aussagekräftige Bemessungsgröße darstellt. Daher ist ein Vergleich immer unter Berücksichtigung der Primärenergiequellen und –wandler durchzuführen.

Tab. 2.4: *Spez. Energiedichte verschiedner Batteriesysteme [Li95] [Bu14] [IBM]*

	Pb	**NiMH**	**Li-Ion**	**Diesel**	**Li S$_x$**	**LiO$_2$**
theo. spez. Energiedichte Zellchemie [Wh/kg]	170	180	714	11800	2980	11600 7320 mit O_2
prakt. spez. Energiedichte Zellebene [Wh/kg]	<40	<70	150	/	/	/
prakt. spez. Energiedichte System [Wh/kg]	33	60	110	2400	*500*	*max 1300*
20 kWh System [kg]	600	330	180	8	40	15

2.2.2 Blei-Akkumulator

Der Bleiakkumulator ist der am häufigsten eingesetzte Batterietyp. Wichtige Gründe hierfür liegen in der hohen Sicherheit und einer sehr guten Recyclingfähigkeit. Im Vergleich zu anderen Batterietechnologien ist der Preis eines Bleiakkumulators, nicht zuletzt auf Grund seines massenhaften Einsatzes als Starterbatterie, eher gering. Allerdings sind mit diesem Batterietyp auch einige Nachteile verbunden. So ist gerade die Lebensdauer unter stark zyklischen Belastungen tendenziell gering. Die spezifische Energiedichte liegt nur bei etwa 30 bis 40 Wh/kg. Außerdem ist eine ausreichende Belüftung des Batterieeinbauortes zu gewährleisten, da gerade beim Laden Wasserstoff- und Sauerstoffgase entstehen können. Neben der Anwendung als Starterbatterie wird der Batterietyp auch als Traktionsbatterie eingesetzt, z. B. im Gabelstapler, da das hohe Gewicht des Bleiakkumulators direkt als Gegengewicht genutzt wird. Der prinzipielle Aufbau eines Bleiakkumulators ist in **Abb. 2.10** dargestellt. Das Aktivmaterial der negativen Elektrode ist Blei (Pb), das Material der positiven Elektrode ist Bleioxid PbO_2. Verdünnte Schwefelsäure (H_2SO_4) wird als Elektrolyt verwendet. Ein Separator trennt die beiden Elektroden und verhindert somit einen Kurzschluss. Um große Kapazitäten zu erreichen werden in der Regel mehrere Elektroden parallel in einer Batteriezelle geschaltet. Dieser konstruktive Zellaufbau wird auch als Plattensatz bezeichnet und bietet den Vorteil, dass Elektroden auf beiden Seiten der jeweiligen Platte ausgetauscht werden können. Die zugehörigen Reaktionsgleichungen lauten:

Negative Elektrode:

$$Pb + SO_4^{2-} \rightarrow PbSO_4 + 2e^-$$

Positive Elektrode:

$$PbO_2 + SO_4^{2-} + 2e^- + 4H^+ \rightarrow PbSO_4 + 2H_2O$$

Gesamtreaktiongleichung:

$$Pb + PbO_2 + 2SO_4^{2-} + 4H^+ \rightarrow 2PbSO_4 + 2H_2O \tag{2.3}$$

(Auf die explizite Angabe der Nebenreaktionen wird aus Gründen der Übersicht verzichtet)

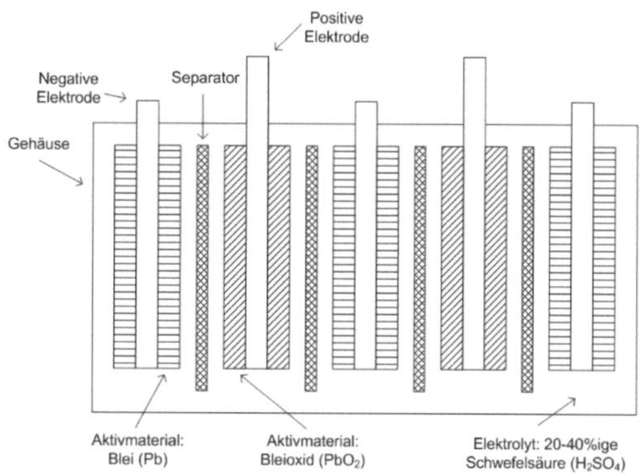

Abb. 2.10: *Vereinfachte Darstellung eines Bleiakkumulators*

Um die anfangs genannten Nachteile beim Laden der Bleibatterie zu relativieren wurden AGM Batterien (absorbent glass mat battery) entwickelt. Der Aufbau entspricht einer konventionellen Bleibatterie, jedoch wird ein Mikroglasvlies zwischen der positiven und negativen Platte verbaut, **Abb. 2.11**. Die Batteriesäure wird dabei vollständig durch dieses Glasfaservlies aufgenommen. Hierzu bedarf es vor allem einer Steuerung der Aufladung, um die Entstehung von Gasen zu kontrollieren. Diese Batterie ist absolut wartungsfrei, lageunabhängig und außerdem rüttelfest.

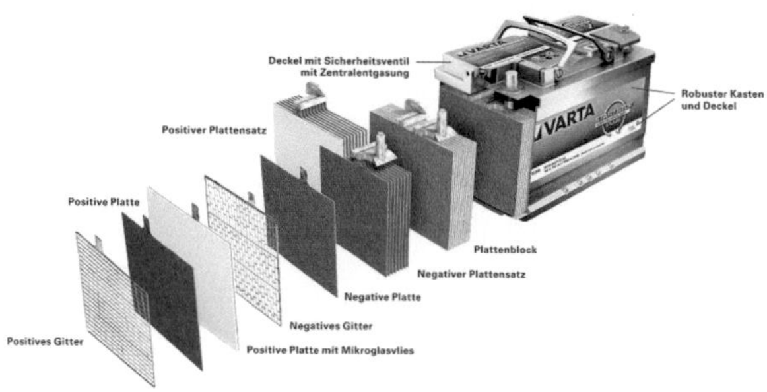

Abb. 2.11: *Aufbau einer AGM Batterie [JC]*

2.2.3 NiMH-Akkumulator

Eine Nickel-Metallhydrid Batterie (NiMH) besteht im Wesentlichen aus einer wasserstoffspeichernden Metalllegierung. Das Aktivmaterial der positiven Elektrode ist Nickelhydroxid ($NiOOH$). Das Aktivmaterial der negativen Elektrode ist eine Metallhydridlegierung, **Abb. 2.12**. Bei der NiMH Batterie wird beim Laden und Entladen lediglich Wasserstoff zwischen den Elektroden ausgetauscht. Im geladenen Zustand ist Wasserstoff in der negativen Elektrode, im entladenen Zustand in der positioven Elektrode gespeichert. Als Transportmedium dienen Wasser und OH^- Ionen.

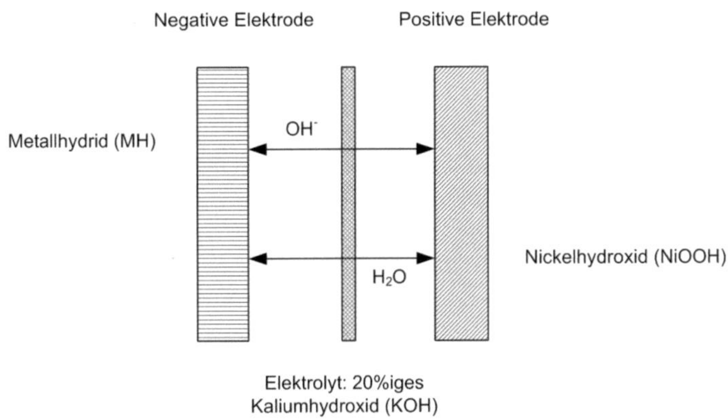

Abb. 2.12: *Vereinfachte Darstellung einer NiMH Zelle*

Die zugehörigen Reaktionsgleichungen lauten:

Negative Elektrode:

$$MH + OH^- \rightarrow M + H_2O + e^-$$

Positive Elektrode:

$$NiOOH + H_2O + e^- \rightarrow Ni(OH)_2 + OH^-$$

Gesamtreaktiongleichung:

$$NiOOH + MH \rightarrow NiOOH + MH \tag{2.4}$$

Aufgrund der relativ hohen spezifischen Energiedichte von etwa 70 Wh/kg, der relativ hohen Sicherheit und einer sehr hohen Lebensdauer bei kleinen Zyklentiefen sind NiMH Batteriesysteme bevorzugt in Hybridanwendungen zu finden. Allerdings ist eine zunehmende Verschiebung zu Li-Ionen Systemen zu erkennen.

2.2.4 Li-Ionen-Akkumulator

Grundsätzlich verhält sich eine Lithiumbatterie anders als Blei- oder NiMH basierte Batteriesysteme. Bei einer Lithium Ionen Zelle stellt das Lithium-Ion zwar das aktive Element dar, aber es bildet gleichzeitig auch das Aktivmaterial der Elektroden selbst. Es gibt daher eine Vielzahl von Möglichkeiten ein Aktivmaterial für die beiden Elektroden zu verwenden, welches Lithium-Ionen beinhaltet oder diese aufnehmen kann. Typische Aktivmaterialien der negativen Elektrode sind in **Tab. 2.5** aufgeführt. Eine Übersicht der von unterschiedlichen Herstellern favorisierten Aktivmaterialien der positiven Elektrode sind in **Tab. 2.6** zusammengestellt. Die Aspekte bei der Auswahl eines entsprechenden Materials liegen in der Stabilität, Sicherheit und Lebensdauer.

Tab. 2.5: *Aktivmaterialien negative Elektrode (Anode)*

Lithium Metall	Amorpher Kohlenstoff	Graphit	Lithium Legierungen	Lithium Oxide	Titanat $Li_4Ti_5O_{12}$ (LTO)

Tab. 2.6: *Aktivmaterialien der positiven Elektrode (Kathode)*

Lithium-Cobalt-Dioxid	Lithium-Nickel-Cobalt-Aluminium-Oxid	Lithium-Mangan-Spinell	Cobalt-Nickel-Mangan-Mischungen	Lithium-Eisenphosphat
$LiCoO_2$	$LiNiCoAlO_2$	$LiMn_2O_4$	$Li(NiCoMn)O_2$	$LiFePO_4$
LCO	*NCA*	*LMO*	*NMC*	*LFP*

Auch die spezifische Energie und spezifische Leistung des gesamten Batteriesystems spiegeln wesentliche Auswahlkriterien wieder. Nicht zuletzt sind Kosten, die industrielle Serienfertigung, Umweltaspekte und die Verfügbarkeit der Materialien weitere Auswahlkriterien. Die Verwendung unterschiedlicher Aktivmaterialien erlaubt somit eine Vielzahl von möglichen Zusammenstellungen, welche alle funktionsfähige Lithium-Ionen Zellen darstellen. **Abbildung 2.13** zeigt die vereinfachte Darstellung einer Lithium-Ionen Zelle mit einer Graphit-Anode und einer LCO-Kathode. Die chemische Reaktion in einer Lithium Ionenzelle basiert prinzipiell auf einem Ionenaustausch zwischen den Elektroden. Lithium ist das leichteste Metall und reagiert sehr stark mit Wasser. Als Elektrolyt kommen deshalb wasserfreie Lösungsmittel in Kombination mit Salzen z. B. $LiPF_6$ Lithiumhexafluorosphat zum Einsatz.

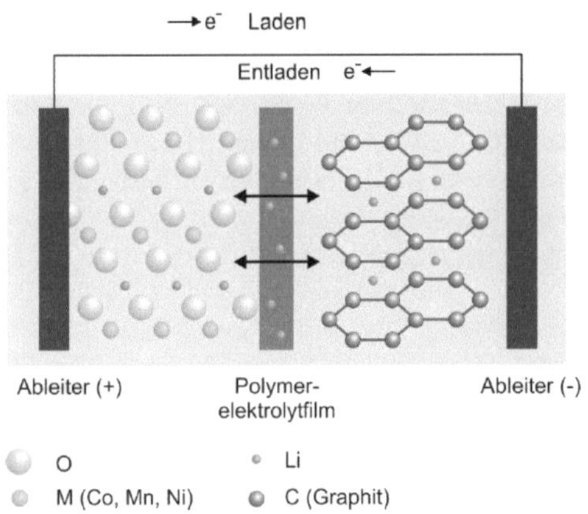

Abb. 2.13: *Vereinfachte Darstellung einer Li-Ionen Zelle [Co09]*

Das Aktivmaterial der positiven Elektrode ist ein Übergangsmetalloxid nach Tab. 2.6, z. B. ein Lithium Cobalt Dioxid $LiCoO_2$. Die negative Elektrode besteht aus Graphit, vgl. Tab. 2.5. Der verwendete Elektrolyt beinhaltet die Lithium Ionen. Als Stromableiter kommen dünne Metallfolien zum Einsatz, z. B. Kupferfolien an der negativen Elektrode und Aluminium an der positiven Elektrode. Als Separator wird Polyethylen PE oder Polypropylen PP verwendet.

Die zugehörigen Reaktionsgleichungen lauten:

Negative Elektrode:

$$C + xLi^{+} + xe^{-} \rightarrow CLi_{x}$$

Positive Elektrode:

$$LiCoO_{2} \rightarrow Li_{1} - xCoO_{2} + xLi^{+} + xe^{-}$$

Gesamtreaktiongleichung:

$$LiCoO_{2} + C \rightarrow Li_{1} - xCoO_{2} + CLi_{x} \tag{2.5}$$

Eine gesonderte Form des Lithium Ionen Akkus ist der Lithium Polymer Akku, kurz LiPo. Der Elektrolyt ist hierbei gelartig und besitzt kunststoffähnliche Eigenschaften oder ist als feste Polymermatrix aufgebaut. Mit Hilfe dieser Technologie lassen sich selbsttragende Zellen bauen. Folglich können einfachere Gehäuse verwendet werden, wie bei Pouch Zellen. Auch können die Zellen auf einer Polymerbasis aus extrem dünner Folie aufgebaut werden und erreichen somit eine hohe Kompaktheit.

Neben den Batterien aus LiPo-Zellen gibt es weitere leistungsoptimierte, sogenannte Hochleistungszellen und energieoptimierte Zellen. Darüber hinaus gibt es Hybridzellen, welche eine Kombination aus Leistungs- und Energiezelle darstellen. Hierbei lässt sich eine hohe Energiedichte durch den gezielten Einsatz von Aktivmaterialien realisieren, welche möglichst viele Elektronen austauschen können und eine günstige Kombination des Elektrodenmaterials, welches eine maximale Zellspannung ergibt. Außerdem kann durch eine Minimierung des Volumens und der Masse der Stromableiter, die Energiedichte weiter gesteigert werden.

Eine hohe Leistung wird erzielt bei Verwendung möglichst kleiner ohmscher Innenwiderstände und einer möglichst maximalen Elektrodenoberfläche bei minimalem Abstand zwischen den Elektroden. Außerdem lässt sich die Leistung eines Batteriesystemes durch Verwendung einer Zellchemie mit einer hohen Zellspannung erhöhen.

Aufgrund der reaktiven Materialien spielt gerade bei Lithium Ionen Zellen die Sicherheit eine wesentliche Rolle. Im Fehlerfall ist die thermische

Energie einer Li-Ionen Zelle etwa 6-fach höher als die nutzbare Energie der Zelle. Um die frei werdende Energie beherrschen zu können, werden dazu auf Zellebene spezielle Sicherheitsmechanismen, wie schmelzende Separatoren (Shut-Down Separatoren), CID (Current Interrupt Device) und Überdruckventile eingebaut. Auf Batterieebene hingegen sind PTC-Thermoschalter, Sicherungen und Isolationsmechanismen, wie Schütze und konstruktive Barrieren eingebaut, um ein Ausbreiten eines Fehlers auf Zellebene zu verhindern (Vermeidung von Propagationseffekten).

2.3 Doppelschichtkondensator

Doppelschichtkondensatoren wurden entwickelt, um eine hohe Leistung in sehr kurzer Zeit aufnehmen und wieder abgeben zu können. Im Gegensatz zu Batterien sind sie daher Leistungs- und keine Energiespeicher, vgl. hierzu auch **Abb. 2.14**.

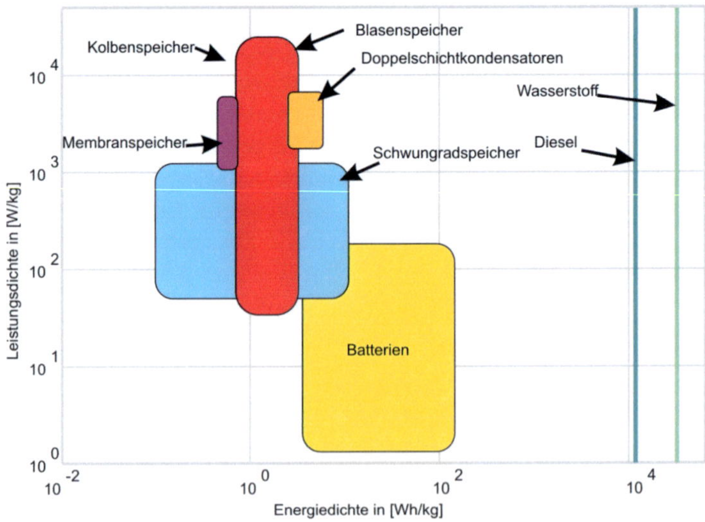

***Abb. 2.14:** Ragone-Plot verschiedener Speicher*

In erster Näherung können Doppelschichtkondensatoren an einer Gleichspannungsquelle als RC-Glied, vgl. **Abb. 2.15**, angesehen werden.

R bezeichnet dabei den Innenwiderstand des Doppelschichtkondensators. Je geringer sein Innenwiderstand ist, desto besser der Wirkungsgrad des Kondensators.

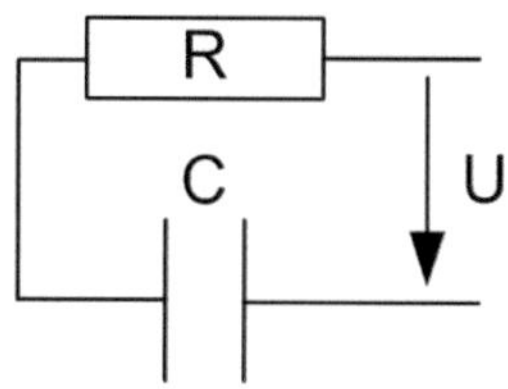

Abb. 2.15: *Vereinfachtes Ersatzschaltbild Doppelschichtkondensator als RC-Glied*

Die Zellspannung von Doppelschichtkondensatoren ist mit 1,5 bis 2 V relativ gering, sodass mehrere Kondensatoren zur Erreichung der Nennspannung eines Antriebs in Reihe geschaltet werden müssen. Zudem muss beachtet werden, dass die Zellspannung eines Kondensators mit seiner Entladung abnimmt. Sie ist proportional zum Ladezustand, sodass die Spannung der Doppelschichtkondensatoren schnell auf den halben Zellnennspannungswert sinken kann. Neben elektrischen Speichern sind in Abb. 2.14 auch hydraulische und mechanische Speicher zu finden.

Mechanische Speicher sind sogenannte Schwungradspeicher (Fly-Wheel), bei denen eine mechanische Masse bei hoher Drehzahl in einem Vakuum dreht. Hydraulikspeicher, wie z. B. Kolben- oder Blasenspeicher, sind heute als hydraulische Bauelemente Stand der Technik und werden in vielen Bereichen der Hydraulik eingesetzt. Sie sind, analog zu Doppelschichtkondensatoren, Leistungsspeicher. Hydraulische Energiespeicher, analog einer Batterie, sind heute nicht bekannt, ebenso mechanische Energiespeicher.

2.4 Brennstoffzelle

Bei der Brennstoffzelle (kurz: BZ) wird chemische Energie direkt in elektrische Energie umgesetzt. Es handelt sich folglich um einen Energiewandler und keinen Energiespeicher. Der Vorgang in der Brennstoffzelle kann vereinfacht als Umkehrung einer Elektrolyse verstanden werden. Wird eine elektrische Spannung an zwei im Wasser befindlichen Elektroden angelegt, so wird an der einen Elektrode Wasserstoff freigesetzt und an der anderen Sauerstoff [Wa11]. In der Brennstoffzelle wird konstruktiv bedingt die Reaktion von reinem Wasserstoff H_2 mit Sauerstoff O_2 zugelassen. Dabei wird Wasser H_2O gebildet und elektrische Energie freigesetzt. Die hierbei ablaufende Reaktion wird umgangssprachlich auch als Knallgasreaktion bezeichnet. Die Elektronen des Wasserstoffs finden dabei in der Verbindung mit Sauerstoff günstigere Energieniveaus. Die Differenz dieser Energieniveaus ergibt folglich die Reaktionsenergie [Ba07].

$$2H_2 + O_2 \rightarrow 2H_2O + 286\frac{kJ}{mol} \tag{2.6}$$

Tab. 2.7 gibt eine Übersicht über typische Brennstoffzellenarten. Die bevorzugte Brennstoffzelle in der Automobilindustrie ist die Polymer-Elektrolyt-Brennstoffzelle. Grund hierfür ist das akzeptable Startverhalten bei niedrigen Temperaturen und die angemessene Leistungsdichte [Wa11]. Daher wird im folgenden beispielhaft dieser Brennstoffzellentyp erläutert.

Tab. 2.7: *Übersicht Brennstoffzellen*

Polymer-Elektrolyt BZ	Direkte Methanol BZ	Alkalische BZ	Phosphorsäure BZ
PEFC	DMFC	AFC	PAFC

Die Polymer-Elektrolyt-Brennstoffzelle **Abb. 2.16** besteht aus einer $100-250$ μm dünnen Electrolyt-Membran, die von zwei Grahitplatten umgeben ist. In die Brennstoffzelle werden reiner Wasserstoff und Sauerstoff aus der Umgebungsluft geführt und durch die Membran gedrückt. Dabei wird der Wasserstoff in Protonen H^+, welche durch die Membran von der Anode zur Kathode diffundieren, und Elektronen e^-, welche an der Oberfläche der Membran haften bleiben, geteilt. Dieser Aufspaltungprozess wird durch einen edelmetallhaltigen Katalysator, z. B. eine aufgedampfte Platinbeschichtung unterstützt. Folglich bildet sich eine Potentialdifferenz aus, die einen Stromfluss über einen extern angeschlossenen Verbraucher ermöglicht. Dabei fließen die Elektronen von der negativen Graphitplatte über den Verbraucher zur positiven Platte. An der positiven Platte gehen die Elektronen in den Sauerstoff O^- über. Der negativ geladene Sauerstoff zieht den positiv geladenen Wasserstoff an und verbindet sich mit diesem zu Wasser, welches ständig abgeführt werden muss [Ba07]. Die theoretisch mögliche Spannung einer Zelle liegt bei 1,23 V, jedoch wird in der Praxis eine Zellspannung zwischen 0,6 und 0,9 V erreicht [Wa11]. Um ein höheres Spannungsniveau zu erreichen, werden einzelne, der oben aufgeführten Zellen in Reihe geschalten. Der Wirkungsgrad einer Zelle liegt bei ca. 58 %, der elektrische Wirkungsgrad auf Systemebene (Berücksichtigung der Aggregate wie Kompressoren, Pumpen etc.) beträgt zwischen 32 und 40 % [NWB].

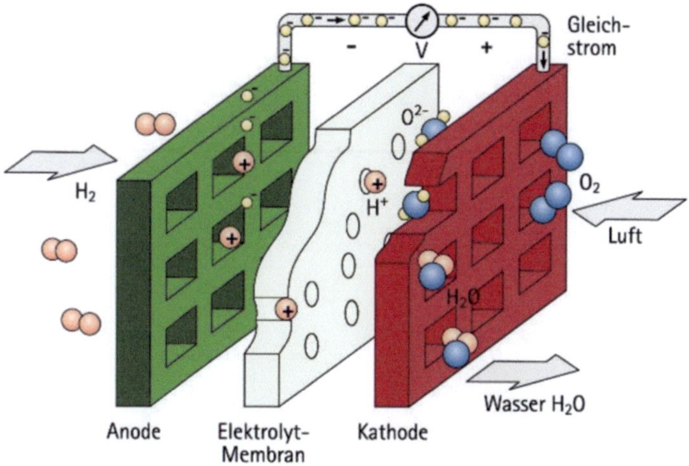

Abb. 2.16: *PEFC Brennstoffzelle [NWB]*

3 Fahrantrieb

Fahr- und Arbeitsantriebe sind heute bei mobilen Arbeitsmaschinen getrennt. Aus diesem Grund ist es heute möglich, beide Antriebe getrennt zu betrachten, vgl. hierzu auch Abb. 1.1.

In mobilen Arbeitsmaschinen sind heute verschiedene Getriebe zu finden. Waren bei Traktoren beispielsweise früher zunächst mechanische Getriebe zu finden, so wurden diese zu lastschaltbaren Getrieben weiter entwickelt, damit Gänge auch ohne Unterbrechung der Zugkraft geschaltet werden konnten. Mit zunehmender Leistungsfähigkeit der Traktoren nahm auch die Anzahl der Gänge zu, vgl. **Abb. 3.1**, sodass schlussendlich ein stufenloses Getriebe die logische Konsequenz war. Aus diesem Grund sind heute bevorzugt hydraulisch-mechanisch leistungsverzweigte Getriebe in europäischen Traktoren anzutreffen.

A23 (ab 1954)	**A216** (ab 1958)	**T-3300** (ab 1972)	**T-7000** (ab 1993)	**Eccom** (ab 2001)

10 – 60 PS	30 – 80 PS	65 – 160 PS	75 – 230 PS	100 – 350 PS
5-7 Vorwärtsgänge	8 Vorwärtsgänge	12 Vorwärtsgänge	24 (40) Vorwärtsgänge	∞ stufenlos
1-2 Rückwärtsgänge	4 Rückwärtsgänge	6 Rückwärtsgänge	24 (40) Rückwärtsgänge	∞ stufenlos
Schubradschaltung	Klauenschaltung	Klauen-/ Synchron-schaltung	Synchron-/ Lastschaltung	Hydrostatisch leistungsverzweigt
	Integrierter Kraftheber	Seitenschaltung	Einhebelbedienung	Shift-by-wire
		Allradantrieb	Elektronische Getriebesteuerung	Elektronische Getriebesteuerung
				Kombinierte Motor-/ Getriebesteuerung
20 km/h	25 km/h	30 (40) km/h	50 km/h	60 km/h

Abb. 3.1: *Historische Entwicklung von Traktorgetrieben, Quelle: ZF*

In leistungsverzweigten Getrieben wird die stufenlose Verstellbarkeit der hydrostatischen Antriebe mit dem guten Wirkungsgrad eines mechanischen Getriebes kombiniert. Neben Traktoren sind diese Getriebe aber auch für andere Maschinen, wie z. B. Baumaschinen, zunehmend interessant.

In Baumaschinen, wie z. B. Radladern, werden heute entweder hydrostatische Getriebe oder Lastschaltgetriebe mit hydrodynamischem Wandler eingesetzt. Die Getriebe müssen im Stillstand ein Moment auch über eine längere Zeit erzeugen können, sodass Reibkupplungen hier nicht eingesetzt werden können. Zudem können Wandler eine Drehmomenterhöhung erzeugen, sodass sie beim Anfahren ein hohes Moment erzeugen können.

Im Weiteren sind z. B. in großen Baumaschinen, wie Muldenkippern oder in Flurförderfahrzeugen elektrische Getriebe zu finden. Bei Muldenkippern liegt der Grund für elektrische Antriebe in der Verfügbarkeit solcher Antriebe für Leistungen im Megawatt-Bereich. Bei elektrischen Flurförderfahrzeugen steht mit der Batterie ein elektrischer Energiespeicher zur Verfügung. Elektrische Antriebe besitzen zudem einen guten Wirkungsgrad und sind in ihrem Aufbau einfach.

Da die genannten Getriebe in unterschiedlichen Maschinen eingesetzt werden, werden sie im Folgenden systematisch vorgestellt.

3.1 Mechanische Getriebe

Mechanische Getriebe werden überall dort eingesetzt, wo einfache, kostengünstige Getriebe benötigt werden oder der Wirkungsgrad der Getriebe wichtig ist. Da die Maschinen neben der Fahr- auch eine Arbeitsfunktion besitzen ist zunächst zu klären, welche Leistung im Fahrantrieb benötigt wird. Kann in einem Radlader die komplette Motorleistung am Fahrantrieb abgenommen werden, so werden in einem Mähdrescher beispielsweise nur 20 bis 25 % der installierten Motorleistung für das Fahren benötigt. Nicht synchronisierte Schaltgetriebe werden meist nur im Stillstand geschaltet. Eine Automatisierung der Getriebe aus Komfortgründen und zur Schaltung während der Fahrt ist heute möglich. Beispiele für den Einsatz solcher Getriebe sind Teleskoplader, [He08]. Synchronisierte Getriebe, ähnlich wie in einem Pkw, wurden früher in Traktoren eingesetzt. Diese sind in modernen, westeuropäischen Traktoren heute jedoch nur noch sehr selten vorzufinden. Vielmehr sind sie in Kombination mit einer Lastschaltgruppe zum zugkraftunterbrechungsfreien Gangwechsel dort zu finden, **Abb. 3.2**.

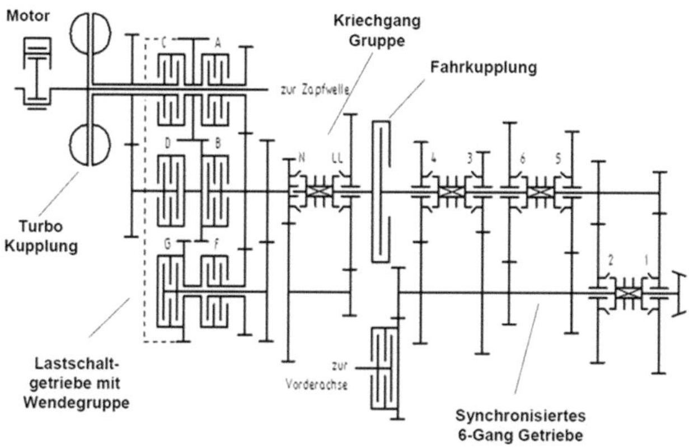

Abb. 3.2: *Lastschaltgetriebe, Quelle:ZF T7336*

Charakteristisch für Lastschaltgetriebe sind Kupplungen, mit denen die Gänge durch Schalten der Kupplungen gewechselt werden. Vorteilhaft wird eine Kupplung geöffnet und gleichzeitig eine andere Kupplung geschlossen, sodass die Zugkraft nicht unterbrochen wird, vgl. Kupplungsdruckmodulation in **Abb. 3.3**.

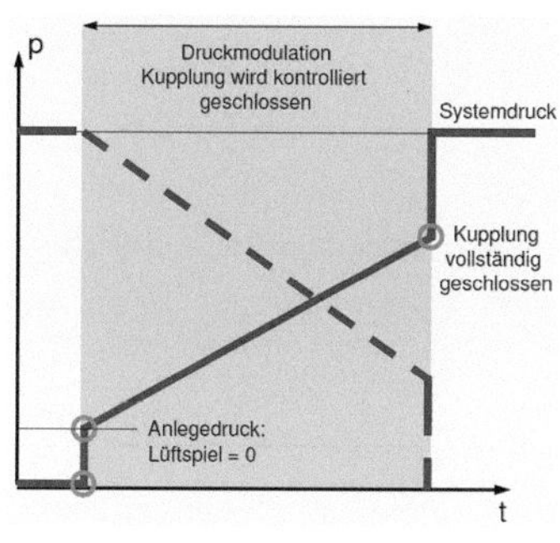

Abb. 3.3: *Kupplungsdruckmodulation bei einem Gangwechsel, Quelle: ZF*

Ein neuer Gang muss nicht erst mechanisch vorgewählt werden. In der Regel werden hier nass laufende Lamellenkupplungen eingesetzt, die während der üblichen Lebensdauer einer Maschine nicht gewechselt werden müssen. Verschiedene Gänge können zugkraftunterbrechungsfrei schaltet werden, so dass die notwendige Spreizung des Getriebes erreicht wird.

Gerade bei Arbeiten mit hohem Zugkraftanteil, wie z. B. dem Pflügen oder dem Grubbern, ist ein Schalten mit Unterbrechung der Zugkraft nicht praxistauglich. Der Traktor müsste zunächst stehen bleiben, um dann in einem höheren Gang wieder anzufahren.

Doppelkupplungsgetriebe, wie sie seit einigen Jahren neu in Pkws zu finden sind, **Abb. 3.4**, sind eine Sonderbauform des Lastschaltgetriebes. Aufgrund ihres vermehrten Einsatzes im Pkw werdeb sie auch für den Einsatz in mobilen Arbeitsmaschinen verwendet.

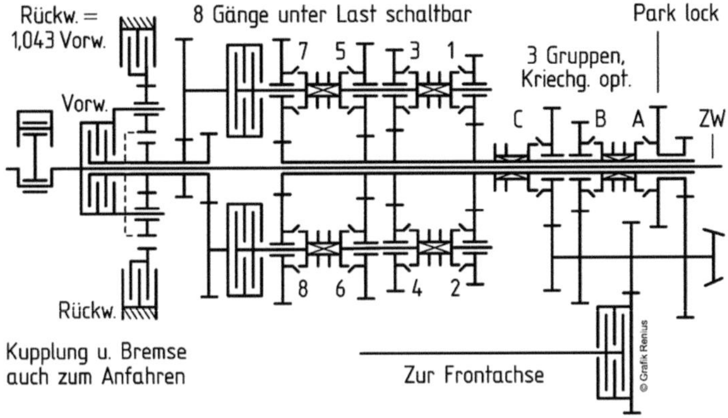

***Abb. 3.4:** Doppelkupplungsgetriebe [Kn11]*

3.2 Hydraulische Getriebe

Bei hydraulischen Getrieben wird zwischen Getrieben mit hydrodynamischem Wandler und hydrostatischen Getrieben unterschieden. Getriebe mit hydrodynamischem Wandler besitzen am Getriebeeingang einen Wandler, der abhängig von der Drehzahl des Verbrennungsmotors und der Drehzahl am Getriebeeingang ein Drehmoment erzeugt. Das Getriebe kann im Weiteren aus einer automatisiert schaltbaren Lastschaltgruppe und einem synchronisierten Getriebe bestehen. **Abb. 3.5** zeigt ein Getriebe mit hydrodynamischem Wandler und einer Lastschaltgruppe.

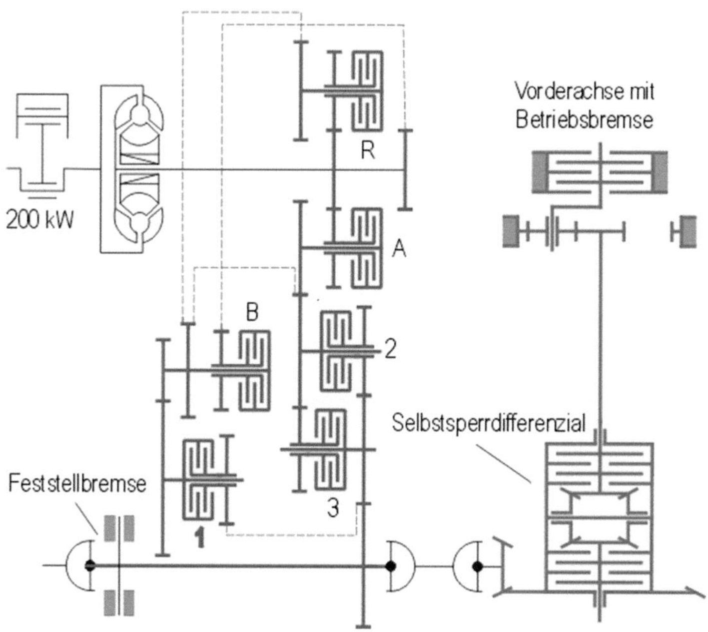

Abb. 3.5: *Lastschaltgetriebe mit hydrodynamischem Wandler, Quelle: ZF ErgoPower*

Bevorzugt werden Getriebe nach Abb. 3.5 heute in großen Radladern eingesetzt. Diese müssen im Stand bzw. bei sehr niedrigen Geschwindigkeiten während dem Befüllen der Schaufel eine hohe Zugkraft aufbringen. Dies könnte mit einer Reibkupplung nicht erreicht werden. Nachteilig an solchen

Getrieben ist jedoch der im Vergleich zu anderen Getrieben relativ schlechte Wirkungsgrad. In **Abbildung 3.6** sind die simulierten Wirkungsgrade unterschiedlicher Getriebe dargestellt.

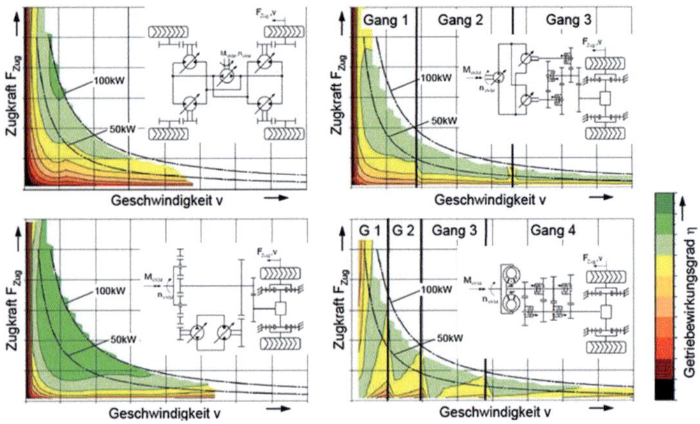

Abb. 3.6: Wirkungsgradvergleich unterschiedlicher Getriebe [Ja06]

Bei hydrostatischen Getrieben wird eine mechanische Eingangsleistung an der Hydraulikpumpe (1) in eine hydraulische umgewandelt. Der dabei erzeugte Volumenstrom wird mit einem Druck zum Abtrieb, dem Hydraulikmotor (2), gefördert und dort erneut in eine mechanische Leistung umgewandelt, **Abb. 3.7**.

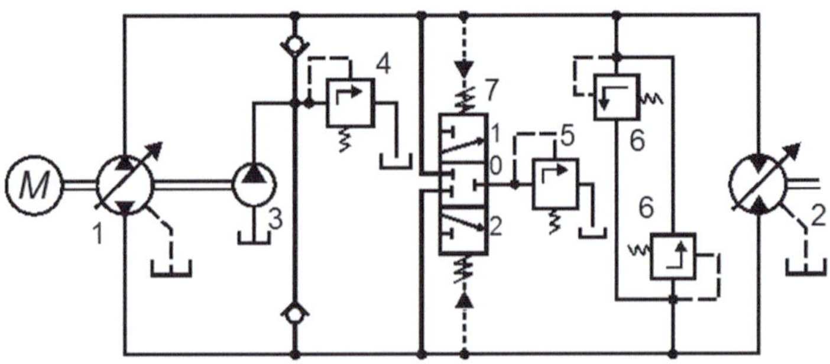

Abb. 3.7: Hydrostatisches Getriebe im geschlossenen Kreis

Neben diesen Hauptkomponenten wird für ein reales hydrostatisches Getriebe noch eine Einspeisung (3 und 4) zum Nachfüllen des Lecköls, eine Ausspeisung (5 und 7) zur Kühlung und Reinigung des Öls, sowie eine Druckabsicherung (6) benötigt.

Für eine ideale, verlustfreie Hydraulikpumpe oder einen –motor gelten die folgenden Beziehungen:

$$M = \frac{V \cdot \Delta p}{2 \cdot \pi} \tag{3.1}$$

$$Q = V \cdot n \tag{3.2}$$

$$P = Q \cdot \Delta p = M \cdot 2\pi \cdot n \tag{3.3}$$

Insbesondere aus den ersten beiden Gleichungen 3.1 und 3.2 zeigt sich eine Unabhängigkeit im hydrostatischen Antrieb zwischen Drehzahl (Volumenstrom) und Drehmoment (Systemdruck). Die Fahrgeschwindigkeit einer Maschine wird daher durch den Volumenstrom vorgeben und ist unabhängig von der Belastung, also dem anliegenden Moment.

Die Übersetzung des idealen Getriebes

$$i = \frac{n_{Ab}}{n_{An}} \tag{3.4}$$

berechnet sich unter Berücksichtigung der Volumenstrombilanz

$$Q = V_1 \cdot n_{An} = V_2 \cdot n_{Ab} \tag{3.5}$$

zu:

$$i = \frac{V_1}{V_2} \tag{3.6}$$

Insbesondere die Stufenlosigkeit hydrostatischer Getriebe im geschlossenen Kreis ist von Vorteil, sodass die Fahrgeschwindigkeit über einen weiten Bereich durch die Verstellung der Hydrostaten variiert werden kann.

Neuere Entwicklungen lösen die direkte Zuordnung des Volumenstroms zwischen Hydraulikpumpe und –motor auf und betreiben ein solches Getriebe im Konstantdruckkreis, **Abb 3.8**. Der Hydromotor wird also momentgesteuert und kann den notwendigen Volumenstrom aus dem Hydraulikspeicher im Hochdruckkreis entnehmen.

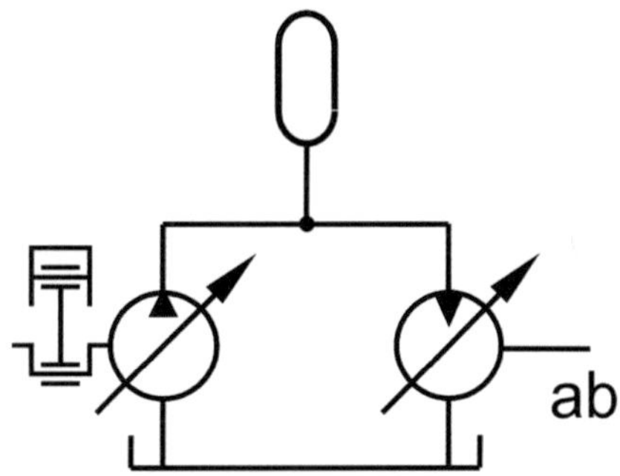

Abb. 3.8: *Hydrostatisches Getriebe im Konstantdruckkreis*

Ein solches System hat insbesondere den Vorteil, dass es rekuperationsfähig ist und so in hybriden Fahrantrieben eingesetzt werden kann. Verschiedene Studien haben gezeigt, dass die Effizienz einer Maschine so gesteigert werden kann [Th11], [Ro12], [Sc11].

Sekundärgeregelte Hydromotoren wurden bereits früher wissenschaftlich untersucht und Konstantdrucksysteme sind insbesondere aus dem stationären Bereich bekannt. Dennoch ist die Begrenzung der Drehzahl eines sekundärgeregelten Hydromotors sicherheitskritisch und von einer Steuerung sicher zu stellen. Zudem müssen heute bekannte Geschwindigkeitsregelungen solcher Antriebe auf eine Momentenregelung umgestellt werden.

3.3 Elektrische Getriebe

Elektrische Getriebe sind vergleichbar mit hydrostatischen Getrieben und besitzen ebenfalls eine stufenlose Drehzahl- und Drehmomentwandlung, **Abb. 3.9**. Im generatorischen Teil des Getriebes wird die mechanische Leistung von einem Drehstromgenerator, in der Regel ein Synchron- oder Asynchrongenerator, in eine elektrische Leistung gewandelt. Der am Generator entstehende elektrische Wechselstrom ist abhängig von der Drehzahl des Verbrennungsmotors und wird über einen Gleichrichter in eine Zwischenkreis-Gleichspannung umgewandelt.

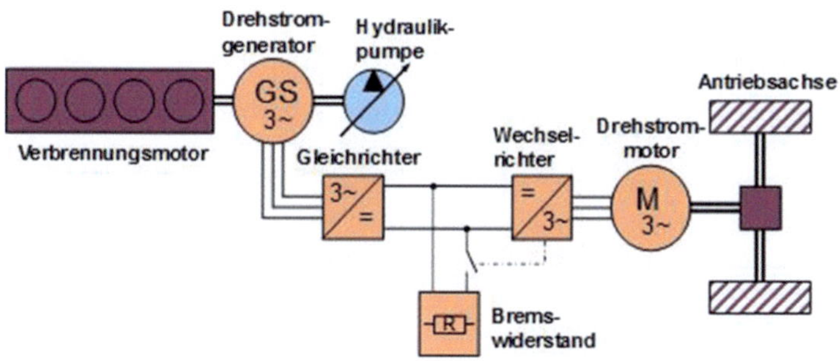

Abb. 3.9: *Elektrisches Getriebe, Quelle: Linde (Kion Group)*

Auf der motorischen Seite wird die Leistung aus dem Gleichspannungszwischenkreis über einen Wechselrichter von einem Drehstrommotor in eine mechanische Abtriebsleistung umgewandelt. Sollen mehrere Verbraucher, wie Synchron- oder Asynchronmaschinen, an einen elektrischen Kreis angeschlossen werden, so wird im generatorischen Teil weiterhin ein Generator und ein Gleichrichter benötigt. Aus dem Gleichspannungszwischenkreis können dann über je einen Wechselrichter mit Motor verschiedene Abtriebe gespeist werden.

3.4 Leistungsverzweigte Getriebe

Leistungsverzweigte Getriebe verbinden die Vorteile mechanischer Getriebe, wie ein guter Wirkungsgrad und ein kostengünstiger Aufbau, mit den Vorteilen hydrostatischer Getriebe bzw. elektrischer Getriebe, wie eine stufenlose Getriebeübersetzung und eine gute Steuer- und Regelbarkeit. Die für den Abtrieb notwendige Leistung wird dabei zu unterschiedlichen Teilen mit einer festen und einer variablen Übersetzung übertragen. Die Aufteilung beider Leistungsteile erfolgt dabei über ein Planentengetriebe. Üblicherweise wird heute der Teil mit einer festen Übersetzung über ein mechanisches Getriebe realisiert, der mit einer variablen Übersetzung über ein hydrostatisches. Grundsätzlich kann zwischen eingangs- und ausgangsgekoppelten Systemen unterschieden werden, **Abb. 3.10**. Ein Kompoundgetriebe, **Abb. 3.11**, besitzt sowohl auf der Eingangs- als auch auf der Ausgangsseite ein Planetengetriebe, sodass es unterschiedlich verschaltet werden kann. In Abb. 3.11 ist die Verschaltung mit der Kopplung des Hohlrades an der Eingangsseite mit der des Planetenträgers auf der Ausgangsseite dargestellt.

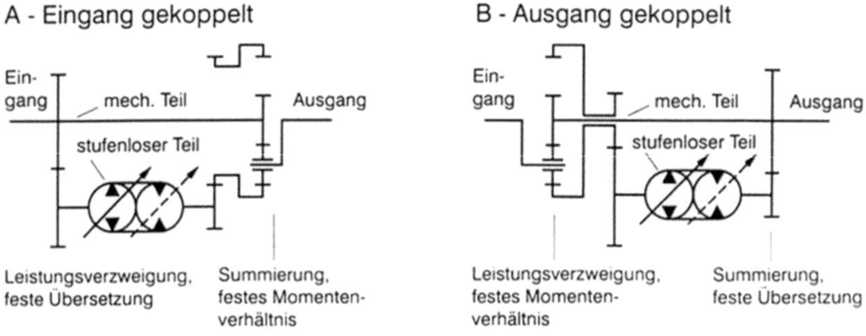

Abb. 3.10: *Aufbau hydraulische mechanisch leistungsverzweigter Getriebe [Re01]*

Die Funktionsweise eines leistungsverzweigten Getriebes wird am Beispiel eines ausgangsgekoppelten Systems erläutert, vgl. Abb. 3.10 rechts. Die vom Primärenergiewandler erzeugte Leistung wird an dem Planetengetriebe entsprechend der dort gültigen Beziehungen aufgeteilt. Werden zwei

Drehzahlen an einem Planetengetriebe vorgegeben, so errechnet sich die Drehzahl am dritten Abtrieb nach folgender Gleichung:

$$n_S + i \cdot n_H = n_P(1 + i) \tag{3.7}$$

mit: $i = \frac{z_H}{z_S}$

Die Drehmomente stehen bei Vorgabe eines Drehmomentes in einem festen Verhältnis:

$$M_P = -(1 + i) \cdot M_S \tag{3.8}$$

$$M_H = i \cdot M_S \tag{3.9}$$

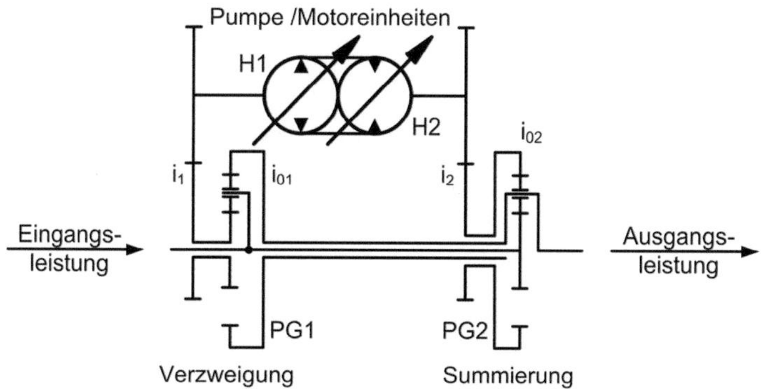

Abb. 3.11: *Kompoundgetriebe, [Ko08]*

In dem ausgangsgekoppelten Getriebe aus Abb. 3.10 wird die Drehzahl am Planetenträger durch den Verbrennungsmotor vorgegeben und die Drehzahl am Sonnenrad des Planetengetriebes durch die Fahrgeschwindigkeit des Fahrzeugs und die Übersetzung im hydrostatischen Getriebe. Die Drehzahl am Sonnenrad des Planetengetriebes steht wiederum in einem direkten Verhältnis zur Drehzahl des Abtriebs. Auf diese Art kann die Gesamtübersetzung und damit die Drehzahl am Abtrieb durch die Verstellung der Hydrostaten festgelegt werden. Durch die Abtriebsleistung und die Wirkungsgrade der einzelnen Getriebeteile können die Eingangsleistung und die Aufteilung der Drehmomente im leistungsverzweigten Getriebe bestimmt werden. Neben dem geschilderten Berechnungsgang gibt es eine einfache graphische Methode, die Drehzahlen in einem Planetengetriebe zu bestimmen, der sogenannte Kutzbachplan, **Abb. 3.12**. In ein Koordinatensystem können auf der X-Achse die Umfangsgeschwindigkeit der drei Abtriebe, Sonnenrad, Planetenträger und Hohlrad aufgetragen werden. In einer hierzu parallelen Achse, in der Regel oberhalb des Hohlraddurchmessers, kann zudem die Drehzahl der Antriebe aufgetragen werden. Aus konstruktiver Sicht sind eher die Belastungen und Auslegungen der Getriebekomponenten von Interesse, wodurch hier üblicherweise die Umfangsgeschwindigkeit betrachtet wird. In der Getriebetechnik ist jedoch die Drehzahl die relevante Auslegungsgröße, wodurch die Drehzahlachse Anwendung findet. Auf der Y-Achse werden die Radien von Sonnen-, Planeten- und Hohlrad des Planetengetriebes abgetragen.

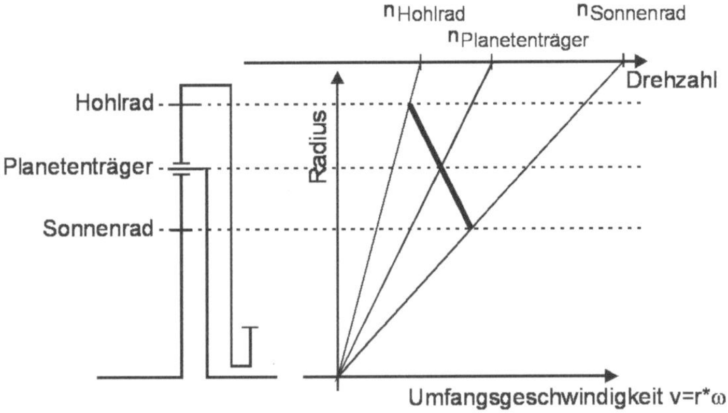

***Abb. 3.12:** Kutzbachplan*

Die zwei bekannten Drehzahlen des Planetengetriebes werden auf der Drehzahlachse aufgetragen. Durch den Schnittpunkt einer Geraden vom Ursprung zur abgetragenen Drehzahl mit der Horizontalen durch den zugehörigen Getrieberadius können für die bekannten Drehzahlen zwei Punkte in dem Diagramm konstruiert werden. Die Verbindung der beiden Punkte ergibt eine Gerade, mit der die dritte Drehzahl gefunden werden kann: Der Schnittpunkt der Geraden mit der dritten Horizontalen der Radien ergibt die gesuchte Umfangsgeschwindigkeit. Eine Gerade durch diesen Punkt und den Ursprung des Koordinatensystems ergibt einen Schnittpunkt mit der Drehzahlgeraden und so die gesuchte Drehzahl.

3.5 Rad-Boden-Kontakt

Zur Nutzbarmachung der vom Getriebe an die Abtriebe übertragenen Leistung ist der Rad-Boden-Kontakt von entscheidender Bedeutung. Nur unter Einbezug dieser Kenntnisse können die erzeugten Kräfte und Momente auch effizient übertragen werden.

In einem ersten Schritt sollen die Größen, die zur Beschreibung des Verhaltens wichtig sind, erläutert werden. Eine wichtige Eigenschaft bei der Übertragung von Zugkräften ist die Erzeugung von Schlupf. Der Schlupf s wird dabei definiert als relative Differenz zwischen theoretischer und tatsächlicher Abrollbewegung eines Reifens, vergleiche auch **Abb. 3.13**:

$$
\begin{aligned}
s &= \frac{theor.\ zurückgelegter\ Weg - tatsächlich\ zurückgelegter\ Weg}{theor.\ zurückgelegter\ Weg} \\
&= \frac{l_0 - l}{l_0} \qquad (3.10)
\end{aligned}
$$

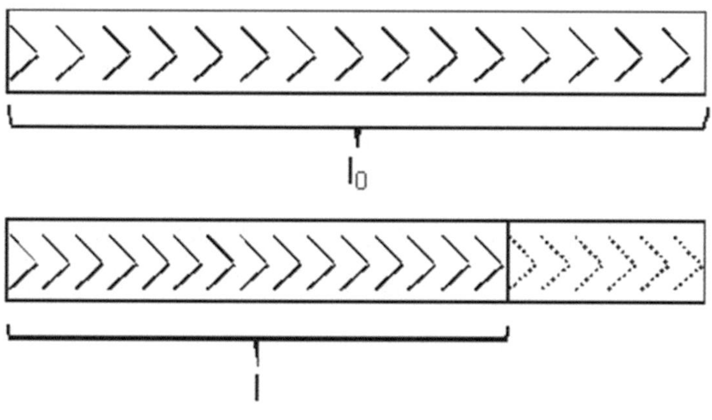

Abb. 3.13: *Definition des Schlupfes*

Bei einem positiven Schlupf können Antriebskräfte, z. B. bei einem Traktor zum Ziehen von Geräten, übertragen werden. Bei einem negativen Schlupf wird hingegen eine Bremskraft erzeugt.

Eine Darstellung der Radzugkraft F_T, bei der die Radlast F_G eliminiert wird, ist die Definition des Triebkraftbeiwertes κ:

$$\kappa = \frac{F_T}{F_G} \tag{3.11}$$

Das Treibradmoment M_T am antreibenden Rad wird einerseits in Radzugkraft (Triebkraft) und andererseits in Rollwiderstand umgesetzt. Es ergeben sich daher die folgenden Zusammenhänge für die Radumfangskraft F_U:

$$F_U = \frac{M_T}{r_{dyn}} \tag{3.12}$$

$$F_U = F_T + F_R \tag{3.13}$$

wobei die Rollreibungskraft F_R aus dem Rollwiderstandsbeiwert ρ berechnet werden kann:

$$\rho = \frac{F_R}{F_G} \tag{3.14}$$

Aus den geometrischen Zusammenhängen am Reifen, vgl. **Abb. 3.14**, ergibt sich für den Rollwiderstandsbeiwert folgender Zusammenhang:

$$\rho = \frac{f}{r_{dyn}} \tag{3.15}$$

Auch wenn die Definition des Triebkraftbeiwertes einfach erscheint, so ist jedoch deren Bestimmung im Bereich der mobilen Arbeitsmaschinen häufig schwierig. Die exakte Bestimmung des wirksamen Reifenradius r_{dyn} ist problematisch, da teilweise sowohl Reifen als auch Boden deformiert werden und so der Radius nicht exakt ermittelt werden kann. Aus diesem Grund wird der theoretisch zurückgelegte Weg eines Reifens auf dem Untergrund, sowohl ohne gezogenes Gerät als auch durch Ziehen der Maschine ermittelt. Im erstgenannten Fall stellt sich ein geringer positiver Schlupf ein, im zweitgenannten Fall ein geringer negativer Schlupf, aufgrund der Bremswirkung der Rollreibung. Durch Mittelung der Werte erhält man in guter Näherung den theoretischen Weg des Reifens und kann auf dieser Basis den Schlupf ermitteln.

Der Zusammenhang zwischen Triebkraft-, Antriebskraft- und Rollwiderstandsbeiwert ist in Abb. 3.14 mit den Kraftangriffspunkten dargestellt. Für die Beurteilung des Leistungsvermögens einer Maschine, wie zum Beispiel eines Traktors, wird üblicherweise der Triebkraftbeiwert herangezogen. In **Abbildung 3.15** sind gemessene Triebkraftbeiwerte für unterschiedliche Böden dargestellt. Man erkennt auf Asphalt und Beton ein ausgeprägtes Maximum bei einem gewissen Schlupf. Bei weichen Böden ist dieses Maximum weniger ausgeprägt, die Triebkraft steigt mit zunehmendem Schlupf meist weiter an.

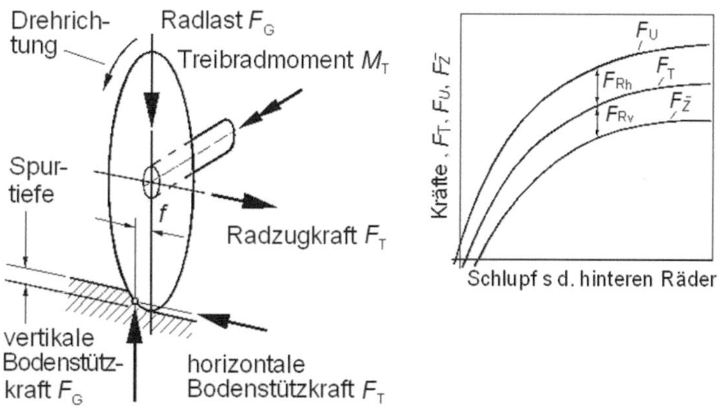

Abb. 3.14: *Kräftegleichgewicht am Treibrad [Re12]*

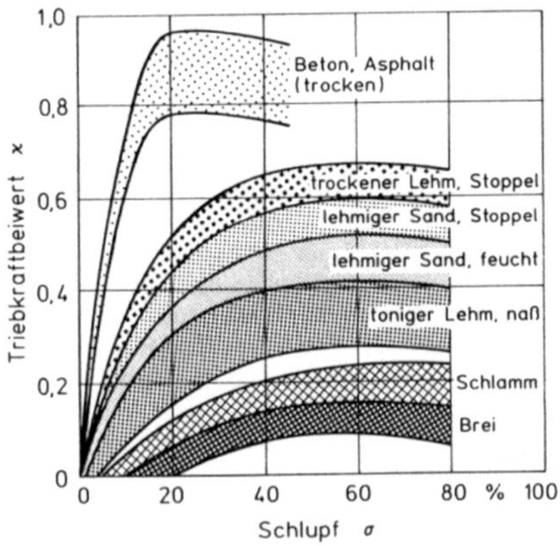

Abb. 3.15: Triebkraftbeiwerte für unterschiedliche Böden [Ku89] (Bezeichnung des Schlupfes angepasst)

Zur Beurteilung des Kraftstoffverbrauchs bei spezifischen Arbeiten ist neben dem Triebkraftbeiwert auch der Wirkungsgrad des Reifens wichtig. Er kann aus der allgemeinen Definition des Wirkungsgrads hergeleitet werden:

$$\begin{aligned} \eta_{Reifen} &= \frac{abgegebene\ Leistung}{zugefühte\ Leistung} \\ &= \frac{Zugkraft \cdot Fahrgeschwindigkeit}{Radmoment \cdot 2 \cdot \pi \cdot Raddrehzahl} \\ &= \frac{\kappa}{\kappa + \rho} \cdot (1 - s) \end{aligned} \tag{3.16}$$

Beispielhaft ist der gemessene Wirkungsgrad eines Reifens in **Abb. 3.16** dargestellt. Man erkennt, dass das Zugkraftmaximum bei einem Schlupf von 40 bis 50 % erreicht wird, das Wirkungsgradmaximum bereits bei einem Schlupf von 10 %. In der Praxis wird daher versucht, mit einem Schlupf von etwa 10 % zu fahren; ein maximaler Schlupf von 20 % wird häufig nicht überschritten.

An dieser Stelle sei noch angemerkt, dass der Reifendruck einen hohen Einfluss auf die übertragbaren Zugkräfte bzw. den Triebkraftbeiwert besitzt.

Zudem reduziert ein niedriger Reifendruck den Bodendruck und somit auch die Verdichtung in oberflächennahen Schichten. In den dargestellten Diagrammen wurde daher immer von einem optimalen Reifendruck ausgegangen. Zudem sind aus den genannten Gründen insbesondere in Traktoren heute teilweise Reifendruckregelanlagen zu finden, mit denen der Reifendruck bequem vom Fahrerarbeitsplatz aus gesteuert werden kann.

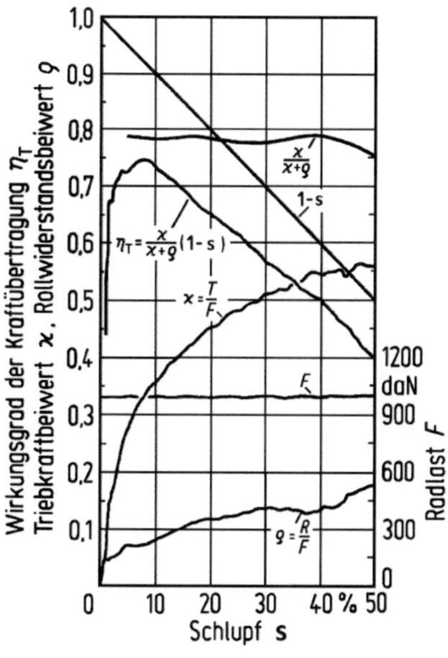

Abb. 3.16: *Wirkungsgrad eines Reifens [St86] (Bezeichnung des Schlupfes angepasst)*

4 Arbeitsantrieb

Die Arbeitsantriebe mobiler Arbeitsmaschinen werden heute bis auf wenige Ausnahmefälle hydrostatisch angetrieben. Beim generatorischen Teil, den sogenannten Energieversorgungssystemen, kommen heute bevorzugt Konstantstrom-, Konstantdruck- oder Load-Sensing-Systeme zum Einsatz. Negativ- oder Positivcontrol Systeme sind vorzugsweise in Baggern zu finden. Eine Weiterentwicklung der genannten Systeme stellt zum Beispiel das Flow-Matching-System dar.

Zu den genannten Systemen gehören im konduktiven Teil Hydraulikventilblöcke, die für jede zu betätigende Funktion einen Ventilschieber besitzen. Da diese Ventilblöcke spezifisch für ein Energieversorgungssystem sind, wird ihre Beschreibung in die entsprechenden Unterkapitel gestellt.

Im motorischen Teil werden heute als Abtriebe in der Regel Hydraulikzylinder oder Hydromotoren verwendet. Auf sie wird in diesem Buch nicht eingegangen, es sei hier auf die einschlägige Literatur der Hydraulik verwiesen, z. B. [Ge12].

4.1 Hydraulische Energieversorgungssysteme

In mobilen Arbeitsmaschinen haben sich heute als hydraulische Energieversorgungssysteme Konstantstrom-, Konstantdruck- oder Load-Sensing-Systeme (LS-Systeme) etabliert. Ihr Druck-Volumenstrom-Verhalten ist beim gleichzeitigen Betrieb von drei Verbrauchern in **Abb. 4.1** dargestellt.

Konstantstromsysteme werden von einer Konstantpumpe gespeist und die Leistung zu den Verbrauchern über Widerstände, in der Regel Wegeventile, gesteuert. Der nicht von den Verbrauchern benötigte Volumenstrom muss im einfachsten Fall über das im System integrierte Druckbegrenzungsventil abgeführt werden. In einem solchen System wird unabhängig vom Leistungsbedarf der Verbraucher stets die Eckleistung benötigt. Im Teillastbetrieb besitzt das System einen schlechten Wirkungsgrad und das Öl erwärmt sich stark. Groß dimensionierte Kühler müssen daher im System installiert werden. Eine heute übliche Maßnahme zur Reduktion Prinzip bedingter Verluste ist die Verwendung von sogenannten Open-Center Ventilen (OC Ventile), **Abb. 4.2**. Benötigt kein Verbraucher eine Leistung, so wird das Öl mit einer relativ geringen Druckdifferenz über den neutralen Umlauf in der Mittelstellung der Ventile zum Tank geführt.

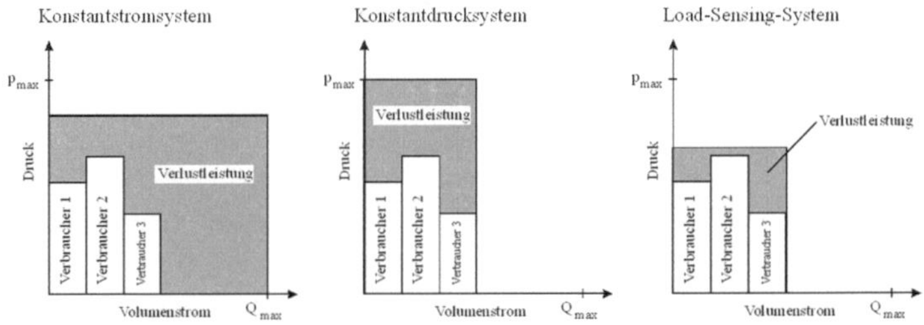

Abb. 4.1: *Charakteristik unterschiedlicher hydraulischer Energieversorgungssysteme, [Ge12]*

Sind ein oder mehrere Verbraucher nur teilaktiviert, so wird der neutrale Umlauf der Proportionalwegeventile nicht vollständig geschlossen. Der sich im System einstellende Systemdruck ist dann höher als der höchste Verbraucherdruck, erreicht aber in der Regel nicht den am Druckbegrenzungsventil eingestellten Maximaldruck. Die Verluste im System sind dann geringer als in dem zu Beginn erläuterten einfachen System. Zudem wird die Bewegung eines Verbrauchers durch das Zuschalten eines weiteren Verbrauches beeinflusst. Heute werden solche Systeme daher in kleinen Maschinen verwendet, bei denen der Kaufpreis der Maschine eine dominante Rolle spielt.

Konstantdrucksysteme arbeiten mit einer Regelpumpe, die den Systemdruck auf einen vorher eingestellten Wert einregelt, **Abb. 4.3**. Am Eingang aller Wegeventile liegt daher der gleiche Druck an und die Pumpe wird aufgrund ihrer Regelung so weit ausgeschwenkt, dass sie den

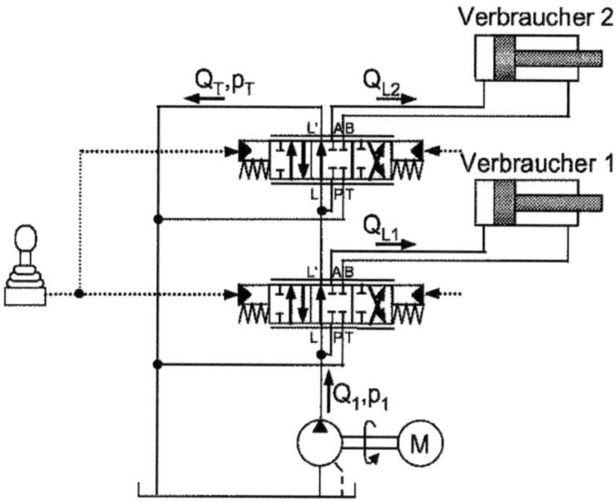

***Abb. 4.2:** Konstantdrucksystem mit Open-Center Ventilen, [Fi11]*

von den Verbrauchern geforderten Volumenstrom fördert. Es ergeben somit die in Abb. 4.1 dargestellten Prinzip bedingten Verluste.

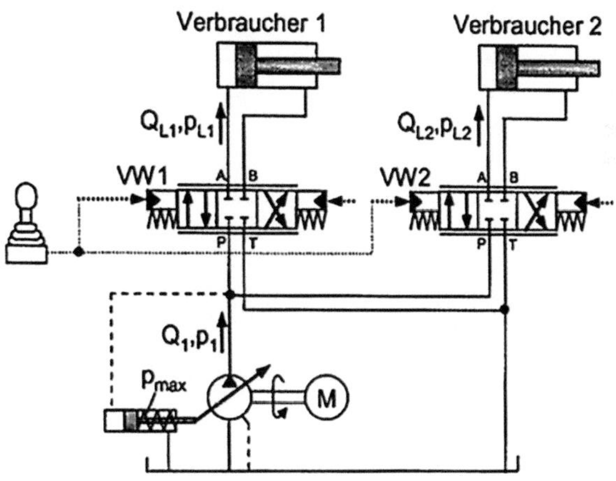

***Abb. 4.3:** Konstantdrucksystem, [Fi11]*

Im Gegensatz zu einem Konstantstromsystem beeinflussen sich die Verbraucher in einem Konstantdrucksystem nicht gegenseitig. Aufgrund des immer konstanten Systemdrucks ergibt sich auch bei Zuschalten von weiteren Verbrauchern stets eine gleichbleibende Situation an den übrigen Verbrauchern. Relativ hohe Verluste ergeben sich jedoch im sogenannten Stand-by-Betrieb, in dem kein Verbraucher aktiviert ist, die Pumpe aber den Systemdruck aufrecht erhalten muss. Die Leckagen in der Pumpe sind für die relativ hohen Verluste verantwortlich. Vorteilhaft ist jedoch das relativ schnelle Ansprechen der Pumpe bei Lastwechseln: Da der Systemdruck hoch ist, kann die Pumpe in relativ kurzer Zeit verstellt werden.

Load-Sensing Systeme (LS Systeme) besitzen üblicherweise, wie Konstantdrucksysteme, eine Regelpumpe. LS Systeme mit Konstantpumpe werden in Systemen mit niedrigen Leistungen verwendet. Letztgenannte Systeme werden im Teil II des Buches vorgestellt.

LS Systeme, vgl. **Abb. 4.4**, ermitteln, z. B. über eine Wechselventilkette den höchsten Verbraucherdruck und regeln den Systemdruck auf einen konstanten Wert oberhalb des höchsten Verbraucherdrucks ein. In der Regel beträgt diese sogenannte LS Regeldruckdifferenz 25 bis 40 bar. Druckwaage und Wegeventil im Ventilblock wirken dabei als 2-Wege-Stromregleventil und führen so einem Verbraucher den am Wegeventil vorgegebenen Volumenstrom zu. Die Individualdruckwaagen an jedem Verbraucher werden benötigt, um den Systemdruck auf das jeweilige Verbraucherdruckniveau zu drosseln.

LS Systeme sind, wie andere Systeme auch, so ausgelegt, dass sie nicht gleichzeitig den maximalen Volumenstrom für alle Verbraucher fördern können. Eine solche Situation tritt zum einen nur sehr selten auf, zum anderen wären die Systeme andernfalls auch überdimensioniert. Kommt es zu einer sogenannten Unterversorgung, so wird zunächst der lasthöchste Verbraucher mit einem zu niedrigen Volumenstrom versorgt. Dies kann in gewissen Situationen von Nachteil sein, sodass LS Systeme mit nachgeschalteten Druckwaagen entwickelt wurden, **Abb. 4.5**. Auch wenn sie konstruktiv aufwändiger sind, so geht bei einer Unterversorgung der Volumenstrom aller Verbraucher im Verhältnis der Volumenstrombedarfe zurück.

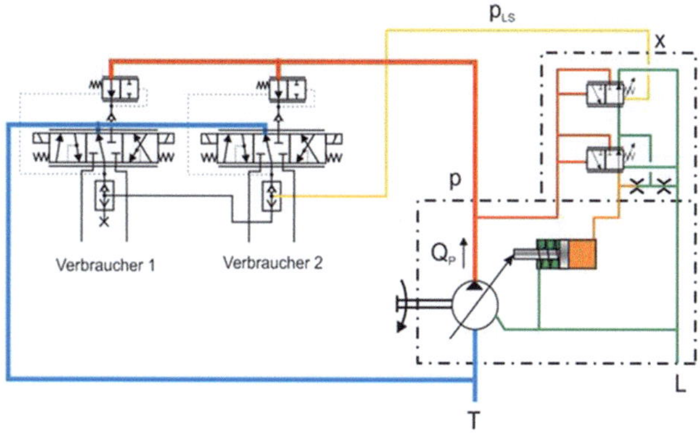

Abb. 4.4: *Load-Sensing System mit vorgeschalteter Druckwaage*

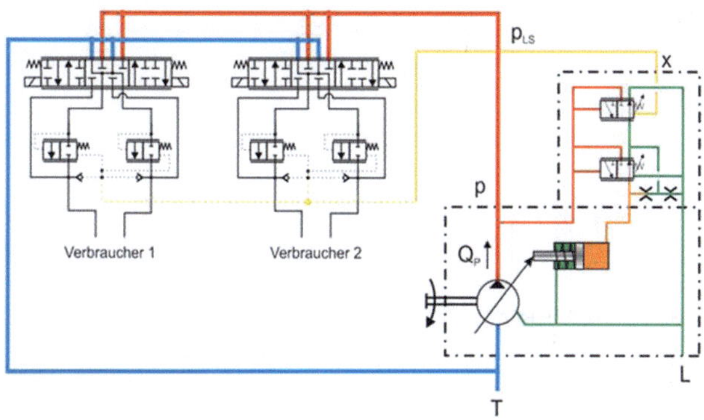

Abb. 4.5: *LS System mit nachgeschalteter Druckwaage*

4.2 Flow Matching Systeme

Mit dem Flow Matching System wird versucht, das Schwingungsverhalten von hydrostatischen Systemen zu verbessern. Bei den Load-Sensing Systemen gibt es verschiedene schwingungsfähige Teilsysteme: die Druckwaagen, der Pumpenregler sowie die Pumpenverstellung selbst. Zudem bilden die verschiedenen Ölvolumina Kapazitäten, die eine Schwingungsneigung besitzen. Aus diesem Grund müssen bei Systemschwingungen entweder Dämpfungselemente, wie z. B. Düsen eingesetzt oder die LS-Druckdifferenz erhöht werden. Bei Flow Matching Systemen, vgl. **Abb. 4.6**, wird das Stellsignal des elektrischen Ferngebers zur Verstellung der Pumpe verwendet. Der Bediener gibt über den Ferngeber den an den Verbrauchern benötigten Volumenstrom vor. Diese Vorgabe wird über eine Steuerung direkt in ein Verstellsignal für die elektrisch angesteuerte Verstellpumpe umgerechnet, sodass die Pumpe entsprechend des Volumenstrombedarfs ausschwenkt.

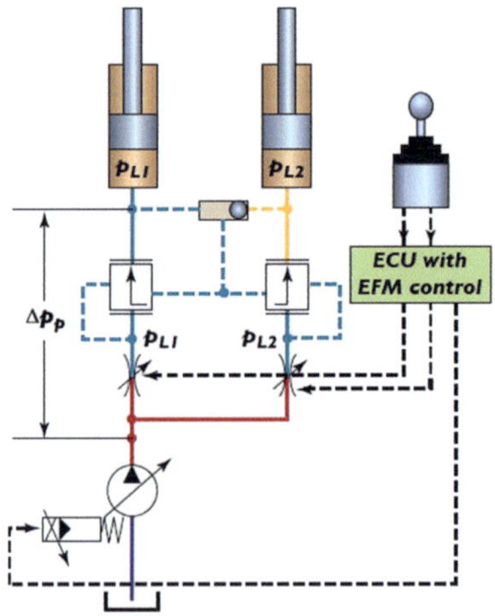

Abb. 4.6: *Flow Matching System, [La06.1]*

Bei dem in Abbildung 4.6 dargestellten System muss der von der Pumpe zur Verfügung gestellte Volumenstrom immer etwas geringer sein, als der von den Verbrauchern benötigte Volumenstrom. Dieser Zustand wird Unterversorgung genannt. Da es sich um ein System mit nachgeschalteten Druckwaagen handelt, bekommen alle Verbraucher einen etwas geringen Volumenstrom als angefordert. Dies wird von dem Bediener normalerweise nicht wahrgenommen oder unmittelbar ausgeregelt.

Aus der Literatur sind zudem Flow Matching Systeme mit vorgeschalteten Druckwaagen bekannt [Ax09], [Dj07], [Fe08]. Diese besitzen jedoch den Nachteil, dass der geförderte Volumenstrom der Pumpe gemessen und über eine Regelung die Verschwenkung der Pumpe geregelt werden muss. Sie sind damit regelungstechnisch anspruchsvoller und besitzen weitere Elemente, die zum Schwingen neigen können.

4.3 Negative und Positive Flow Control

Zwei spezielle Hydrauliksysteme, das Negative Flow Control und das Positive Flow Control, haben sich insbesondere in Baumaschinen, wie z. B. Baggern, etabliert. Diese Systeme zeichnen sich dadurch aus, dass sie in ihrem Aufbau, im Vergleich zu anderen Systemen, relativ einfach und damit kostengünstig sind. Zudem besitzen sie die Möglichkeit, die Last „zu fühlen“. Dies bedeutet, dass der Baggerfahrer eine Rückmeldung von dem Hydrauliksystem erhält, wenn Laständerungen, beispielsweise aufgrund eines erhöhten Widerstandes im Boden auftreten.

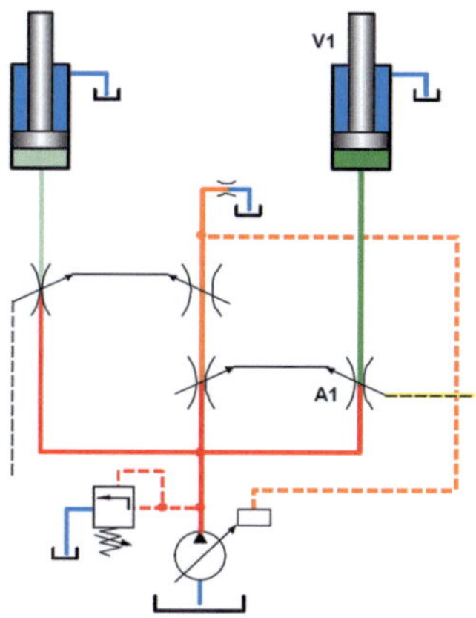

Abb. 4.7: *Negative Control Hydrauliksystem, Quelle: Bosch Rexroth*

Beim Negative Flow Control, **Abb. 4.7**, wird eine Verstellpumpe, die die hydraulische Leistung zur Verfügung stellt, aufgrund eines Drucks am Ausgang des durch den Neutralumlauf im Ventilblock fließenden Volumenstroms eingestellt. Aufgrund eines Widerstands in der Rücklaufleitung stellt sich vor diesem ein vom Volumenstrom abhängiger Druck ein. Die Pumpenregelung beim Negative Flow Control versucht nun den Druck vor dem Widerstand konstant zu halten.

Fordert der Verbraucher, z. B. $V1$, über eine Ventilsektion $A1$ einen Volumenstrom an, so wird der Volumenstrom durch den Neutralumlauf kleiner. Hierdurch sinkt der Regeldruck an der Pumpe ab und die Pumpe schwenkt so lange weiter aus, bis der Regeldurck wieder seinen voreingestellten Wert erreicht hat. Die Pumpe wurde dabei weiter ausgeschwenkt und der Verbraucher $V1$ erhält einen größeren Volumenstrom.

Nachteilig an diesem System ist der permanente Volumenstrom durch den Neutralumlauf, der zur Regelung der Pumpe benötigt wird. Dieser erzeugt Verluste, sodass der Wirkungsgrad des Systems dadurch schlechter wird.

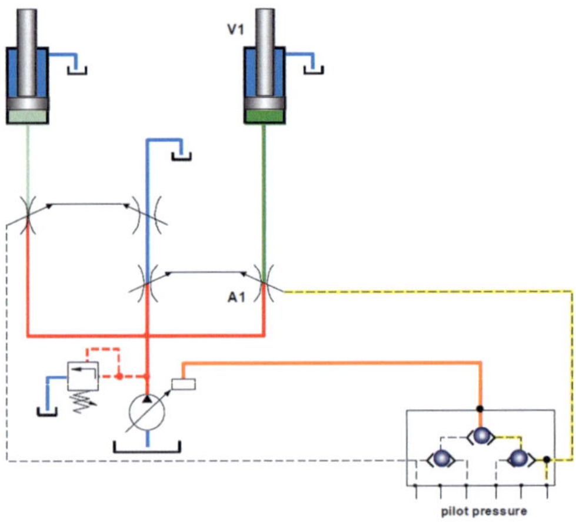

Abb. 4.8: *Positive Control*

Diese Nachteile versucht das Positive Flow Control System zu eliminieren. Auch hier werden Open Center Ventile verwendet, also Ventile die in Mittelstellung einen Neutralumlauf besitzen. Die Verstellpumpe wird jetzt jedoch aufgrund des i. d. R. hydraulischen Steuersignals des Ferngebers ausgeschwenkt, **Abb. 4.8**. Je größer die Auslenkung des Joysticks durch den Bediener ist, desto höher ist der Stelldruck und desto weiter wird die Pumpe ausgeschwenkt. Wie zudem in Abb. 4.8 zu erkennen ist, wird nur das größte Steuersignal zur Ausschwenkung der Pumpe verwendet. Dieses System besitzt einen besseren Wirkungsgrad als das Negative Flow Control, da der zum Tank abgeführte Volumenstrom nicht angedrosselt werden muss.

5 Nebenantriebe und Zubehör

Unter Nebenantrieben werden alle Antriebe in einer Arbeitsmaschine verstanden, die nicht unmittelbar zu den Fahr- und Arbeitsfunktionen zuzurechnen sind und Leistung vom Primärenergiewandler fordern. Hierunter fallen Antriebe, die für den Betrieb und die Pflege der eingesetzten Medien notwendig sind, die weitere Systeme betätigen oder für den Betrieb von anderen Systemen notwendig sind. Beispiele sind die Lenkung der Maschine, die Kühlung der verschiedenen Medien einer mobilen Arbeitsmaschine oder die Ölpumpe des Motors. Aufgrund der Vielfalt der Nebenantriebe sollen in diesem Kapitel ausgewählte Antriebe berücksichtigt werden. Diese sind die Lenkung der Arbeitsmaschine und der Lüfter für die Ölkühlung. Im Weiteren werden Filtersysteme und die Grundlagen zur Beurteilung der Ölqualität vorgestellt.

5.1 Lenkung

Bei mobilen Arbeitsmaschinen kann zwischen rad- und knickgelenkten Maschinen unterschieden werden, **Abb. 5.1**. Radgelenkte Maschinen besitzen eine radindividuelle Lenkkinematik, die in der Regel über einen oder mehrere hydraulische Lenkzylinder angesteuert werden. Grund für die Wahl hydrostatischer Systeme sind die hohen notwendigen Lenkkräfte. Bei radgelenkten Fahrzeugen muss im Weiteren zwischen einer Zwei- und Vierradlenkung unterschieden werden. Vierradgelenkte Fahrzeuge besitzen in der Regel eine höhere Wendigkeit als zweiradgelenkte Fahrzeuge, wodurch sie üblicherweise in mobilen Arbeitsmaschinen zu finden sind. Zudem kann dann auf ein Mittendifferential verzichtet werden, wenn die linken und die rechten Räder jeweils auf einem Lenkradius fahren.

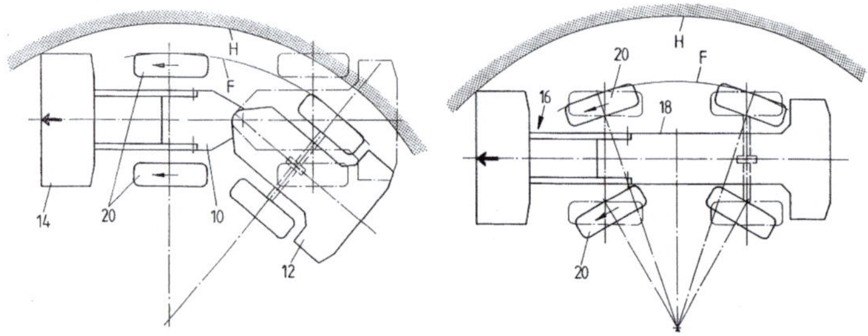

__Abb. 5.1:__ Rad- und Knicklenkung eines Radladers, [Sc97]

Bei einer Knicklenkung wird der Vorderwagen der Maschine gegenüber dem Hinterwagen in einem Gelenk gedreht. Auch hier erfolgt die Ansteuerung der Lenkbewegung über ein oder zwei Lenkzylinder. Bei Verwendung eines Lenkzylinders in einem knickgelenkten Fahrzeug ist insbesondere zu beachten, dass die Lenkbewegung asymmetrisch erfolgen kann. Der oder die Lenkzylinder werden heute üblicherweise über ein sogenanntes Lenkorbitrol angesteuert, **Abb. 5.2**. Hierbei wird durch die Lenkbewegung ein Lenkventil verstellt, welches die Bewegung des Zylinders steuert. Durch die Lenkung der Räder bzw. den Ölstrom bei der Lenkung wird das Lenkventil wieder in seine Neutralstellung gebracht.

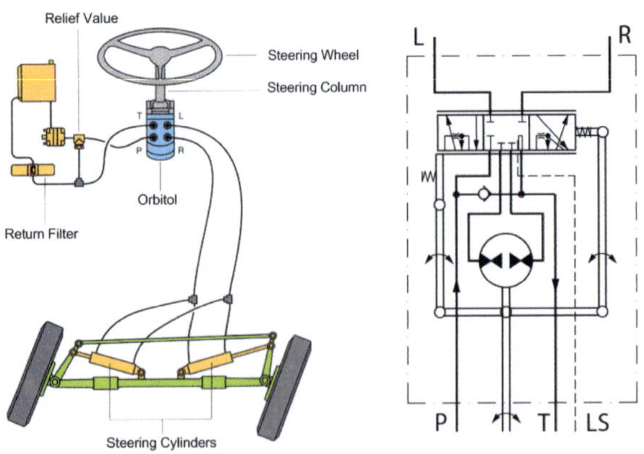

__Abb. 5.2:__ Hydrostatische Lenkung, Quelle: Sauer Danfoss und Eaton

Die hydraulische Versorgung der Lenkung kann über eine Konstant- oder Verstellpumpe erfolgen. Bei einer Konstantpumpe wird der Volumenstrom in Neutralstellung des Orbitrols drucklos zum Tank zurückgeführt. Bei einer Verstellpumpe wird üblicherweise ein LS System verwendet. Dies ist in der Regel energetisch günstiger als ein System mit Konstantpumpe, aber in den Anschaffungskosten höher. Zudem ist es möglich, die Lenkung über ein Prioritätsventil am Ventilblock der Arbeitshydraulik zu betreiben, **Abb. 5.3**. Das Prioritätsventil ist aus Sicherheitsgründen notwendig, da die Lenkung immer bevorzugt mit Öl versorgt werden muss.

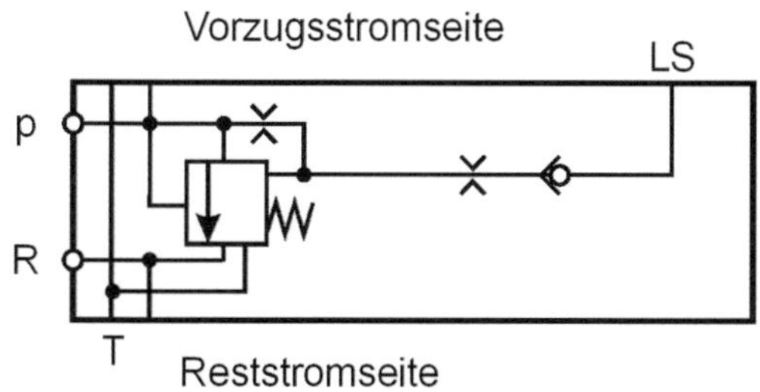

***Abb. 5.3:** Prioritätsventil, Quelle: Bucher Hydraulics*

Ebenfalls aus Sicherheitsgründen ist es notwendig, die Lenkung auch bei Ausfall der hydraulischen Energieversorgung sicher betreiben zu können. Dabei wird die motorische Unterstützung der Lenkung durch den Gerotormotor als Pumpe verwendet, die durch die Lenkbewegung des Fahrers angetrieben wird und den Lenkzylinder hierdurch steuert, vgl. hierzu auch Abb. 5.2.

5.2 Ölkühler

Das Lüfterpaket einer mobilen Arbeitsmaschine kann heute aus bis zu sieben Kühlern bestehen, vgl. **Abb. 5.4**. Die eingesetzten Kühler sind heute z. B. Hydraulikölkühler, Getriebeölkühler, Wasserkühler, Ladeluftkühler, Motorölkühler, Kühler für das Medium der Klimaanlage oder Kraftstoffkühler. Im Folgenden wird exemplarisch der Fokus auf den Hydraulikölkühler gelegt, da er i. d. R. den größten Leistungsbedarf fordert.

Abb. 5.4: *Kühlerpaket eines Traktors, [Re07]*

In Kapitel 4, Abb. 4.1, werden bei den unterschiedlichen Antriebssystemen der Arbeitshydraulik die auftretenden Verluste der Hydraulik dargestellt. Diese Verluste werden in Wärme umgewandelt, die dem Hydraulikmedium wieder entzogen werden muss, damit es seine Betriebstemperatur nicht überschreitet. Die Kühlleistung ist daher abhängig von dem eingesetzten Hydrauliksystem zu dimensionieren.

Die Dimensionierung einer Ölkühlung richtet sich nach der zu erwartenden Verlustleistung P_{Verl} des Hydrauliksystems, der konvektiven Kühlung durch den Tank $\dot{Q}_B$ und der Kühlleistung des Hydraulikölkühlers $\dot{Q}_K$:

$$P_{Verl} = \dot{Q}_K + \dot{Q}_B \tag{5.1}$$

Die Kühlleistung des Tanks ist abhängig von seiner Größe, der Oberfläche A, und der Wärmedurchgangszahl K für ruhende bzw. langsam bewegte Luft:

$$\dot{Q}_B = K \cdot A \cdot \Delta T_B \tag{5.2}$$

mit: $K = 0,01 \ldots 0,02 \cdot \frac{kW}{m^2 \cdot K}$

Hierbei ist ΔT die zwischen Öl und Umgebung herrschende Temperaturdifferenz:

$$\Delta T_B = T_{Öl} - T_{Umgebung} \tag{5.3}$$

Die erforderliche Kühlleistung des Hydraulikölkühlers kann nun aus Gleichung 5.1 bestimmt und der Kühler mit Hilfe von Katalogdaten dimensioniert werden.

$$\begin{aligned} \dot{Q}_K &= P_{Verl} - K \cdot A \cdot \Delta T_B \\ &= P_{Spez} \cdot \Delta T_K \end{aligned} \tag{5.4}$$

Hierbei ist P_{Spez} die spezifische Kühlleistung eines Kühler, die von der durch den Kühler strömenden Kühlflüssigkeit abhängig ist, $P_{Spez} = f(Q_{KM})$. Die Eintrittstemperaturdifferenz ΔT_K am Ölkühler ist, analog zu der Temperaturdifferenz am Behälter, von der Öl- und der Umgebungstemperatur abhängig:

$$\Delta T_K = T_{Öl} - T_{Kühlmedium} = T_{Öl} - T_{Umgebung} \tag{5.5}$$

Mit Hilfe der dargestellten Gleichungen kann nun ein Kühler ausgewählt und ausgelegt werden. Ein solcher Kühler besteht, wie in **Abb. 5.5** zu erkennen, aus einem elektrisch oder hydraulisch angetriebenen Lüfterrad und einem Wärmetauscher. Heute werden aufgrund der aktuellen Gesetzgebung meist geregelte Kühlsysteme eingesetzt. Dabei misst ein Temperaturelement die Öltemperatur und die Drehzahl des Lüfterrades wird so eingestellt, dass die Temperatur im Öl in einem gewissen Temperaturbereich gehalten wird.

***Abb. 5.5:** Hydraulikölkühler für mobile Anwendungen, Quelle: Hydac*

Hydraulisch angetriebene Lüfterräder werden durch einen druckgeregelten Hydraulikmotor, meist aus Kostengründen ein Außenzahnradmotor, betrieben, **Abb. 5.6**. Entsprechend der vom Thermoelement ermittelten Öltemperatur wird das Magnetventil am Hydraulikmotor bestromt. Je nach Strom stellt sich vor dem Hydromotor ein Druck ein, der dann über die Kennlinie des Lüfterrades proportional zu der Drehzahl am Hydromotor ist. Schlussendlich lässt sich so die Drehzahl am Hydromotor, und somit die Kühlleistung, vorgeben.

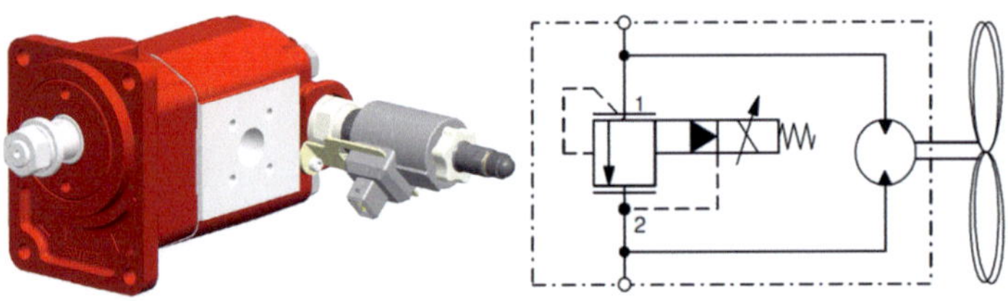

Abb. 5.6: *Druckgeregelter Hydraulikmotor, Quelle: Bucher Hydraulics und Hydac*

5.3 Filtersysteme

Zum sicheren Betrieb eines hydrostatischen Systems ist die Einhaltung einer vorgeschriebenen Ölqualität erforderlich. Sich im Öl ansammelnde und durch Verschleiß oder von außen eingetragene Feststoffpartikel können zum Klemmen von Ventilen oder zu erhöhtem Verschleiß der Komponenten führen. Durch Filtersysteme werden Verschmutzungen heute sicher und zuverlässig entfernt und die vorgeschriebene Ölreichheit sichergestellt. Die Verschmutzung eines Öls lässt sich nach ISO 4406 [ISO99] durch die Angabe von drei Zahlen, die die Anzahl der Partikel $> 4\ mm$, $> 6\ mm$ und $> 14\ mm$ charakterisieren, festlegen, z. B. 21/18/15. Aus **Abb. 5.7** kann dann direkt auf die Anzahl der Partikel im Öl geschlossen werden.
Zur Abscheidung der Feststoffpartikel im Öl gibt es grundsätzlich zwei Mechanismen, die Oberflächenabscheidung und die Tiefenabscheidung,

Abb. 5.8. Bei der Oberflächenabscheidung wird die Maschenweite des Filter so klein gewählt, dass Partikel ab einer definierten Größe nicht mehr hindurch gelangen können. Bei der Tiefenabscheidung hingegen „verfangen“ sich die Partikel in einem Filtervlies und werden dort festgehalten.

Partikelgröße

>4µm c

ISO-Code (nach ISO 4406)	Partikelanzahl / 100ml von	bis
10	500	1000
11	1000	2000
12	2000	4000
13	4000	8000
14	8000	16000
15	16000	32000
16	32000	64000
17	64000	130000
18	130000	260000
19	260000	500000
20	500000	1000000
21	1000000	2000000
22	2000000	4000000
23	4000000	8000000

>6µm c

ISO-Code (nach ISO 4406)	Partikelanzahl / 100ml von	bis
10	500	1000
11	1000	2000
12	2000	4000
13	4000	8000
14	8000	16000
15	16000	32000
16	32000	64000
17	64000	130000
18	130000	260000
19	260000	500000
20	500000	1000000
21	1000000	2000000
22	2000000	4000000
23	4000000	8000000

>14µm c

ISO-Code (nach ISO 4406)	Partikelanzahl / 100ml von	bis
10	500	1000
11	1000	2000
12	2000	4000
13	4000	8000
14	8000	16000
15	16000	32000
16	32000	64000
17	64000	130000
18	130000	260000
19	260000	500000
20	500000	1000000
21	1000000	2000000
22	2000000	4000000
23	4000000	8000000

Abb. 5.7: *Verschmutzungsklassen nach ISO 4406*

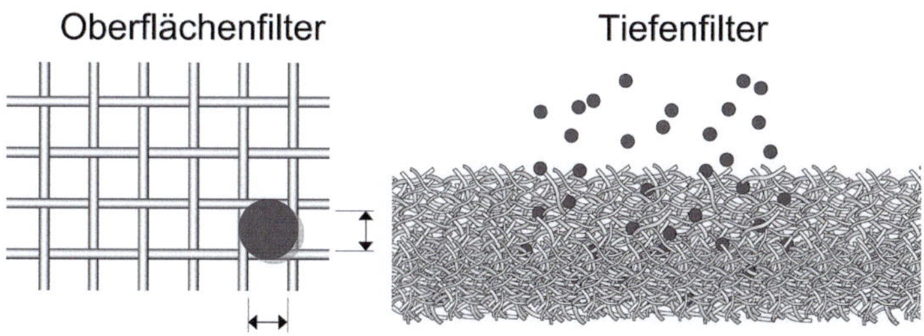

Abb. 5.8: *Oberflächen- und Tiefenfilter, Quelle: ARGO HYTOS*

Oberflächenfilter werden heute in der Regel dazu eingesetzt, den Einzug von grobem Schmutz, im Bereich von Millimetern, zu verhindern. Ihre Aufnahmekapazität ist jedoch begrenzt, da sich das Filter relativ schnell zusetzt. Die Schmutzaufnahmekapazität von Tiefenfiltern ist hingegen wesentlich größer, zudem können auch Partikel bis unter 1 μm abgeschieden werden. Die Qualität des Filters wird nach ISO 16889 [ISO08] als sogenannter Betawert angegeben; z. B.:

$$\beta_{10} = 200 \tag{5.6}$$

Der Index am Betawert gibt die Größe der Referenzpartikel in μm an, in Gleichung 5.6 also 10 μm, und die Zahl das Verhältnis aus Partikeln vor dem Filter zur Anzahl von Partikeln nach dem Filter:

$$\beta_x = \frac{N_{x,upstream}}{N_{x,downstream}} \tag{5.7}$$

Der Abscheidegrad gibt an, wie viel % der Partikel der Filter aus einem Ölstrom entnehmen kann. Er lässt sich direkt aus dem Betawert berechnen:

$$Abscheidegrad = \left(1 - \frac{1}{\beta_x}\right) \cdot 100\% \tag{5.8}$$

Teil II

Ausgewählte Beispiele mobiler Arbeitsmaschinen

1 Einleitung

Im folgenden Teil werden ausgewählte mobile Arbeitsmaschinen aus den unterschiedlichen Bereichen detaillierter vorgestellt. Es sei an dieser Stelle erwähnt, dass die Auswahl der Maschinen exemplarisch erfolgt und der jeweils aktuelle Stand der Technik dokumentiert ist. Aus diesem Grund können die Ausführungen nicht vollständig sein und sind stets auf die ausgewählten Beispiele beschränkt.

Die Auswahl der Beispiele orientiert sich an der am KIT gehaltenen Vorlesung „Mobile Arbeitsmaschinen". An dieser Stelle möchten sich die Autoren ausdrücklich bei den Verfassern der spezifischen Unterkapitel bedanken.

- Traktoren - Dr.-Ing. H. Böhler, Dr.-Ing. B. Pichlmaier, AGCO
- Getriebetechnik für Traktoren - Dr.-Ing. K. Grad, ZF Friedrichshafen
- Mähdrescher - Dr.-Ing. T. Barrelmeyer, Claas
- Radlader - Dr.-Ing. H. Pfab, Liebherr-Werk Bischofshofen
- Strassenwinterdienstfahrzeuge - H. Lüüs, P. Winkelhahn, Bucher Hydraulics
- Load-Sensing-Systeme - A. Nocker, HAWE Hydraulik
- Hydrostatische Fahrantriebe - Dr.-Ing. T. Kohmäscher, Danfoss Power Solutions
- Kühlung, Kontamination und Filtration - Dr.-Ing. A. Schmidt, Hydac Filtertechnik
- Filterkonzepte - W. Rocca, Argo Hytos

2 Landmaschinen

Die Agrartechnik schafft die technischen Voraussetzungen für die Herstellung von gesunden Lebensmitteln und Futtermitteln, von nachwachsenden Rohstoffen und Energie in der jeweils geforderten Qualität. Dabei spielt die Entlastung des Menschen in allen Bereichen der landwirtschaftlichen Verfahren eine große Rolle. Es werden effiziente Prozesse in den Maschinen und Anlagen, sowie bei landwirtschaftlichen Verfahren angestrebt. Von großer Bedeutung sind ferner tiergerechte Haltungsverfahren, der nachhaltige Umgang mit den natürlichen Ressourcen, die Gestaltung und Pflege der Landwirtschaft und der Erhalt der Biodiversität.

Bei den Landmaschinen kann grundsätzlich zwischen gezogenen und selbstfahrenden Maschinen unterschieden werden.

Gezogene Maschinen werden i. d. R. von einem Traktor gezogen und mit Leistung versorgt und auf kleineren Höfen genutzt. Aus diesem Grund stellt der Traktor auch eine Universalmaschine dar.

Mähdrescher, Feldhäcksler oder selbstfahrende Feldspritzen gelten als selbstfahrende Maschinen. Sie sind für eine spezielle Aufgabe ausgelegt und werden häufig auf Höfen mit großen Flächen oder bei Lohnunternehmen eingesetzt.

In den folgenden Unterkapiteln wird je Typ eine exemplarische Maschine vorgestellt, der Traktor und der Mähdrescher.

2.1 Traktoren

Autoren: Dr.-Ing. H. Böhler, Dr.-Ing. B. Pichlmaier, Fa. AGCO

Der Traktor (auch „Zugmaschine“ nach der EG Richtlinie 2003/37/EG [EG03]) ist die universelle Antriebsmaschine für die Land- und Forstwirtschaft, wird daneben aber auch für kommunale Aufgaben (z. B. Schneeräumen) und in der Bauwirtschaft verwendet.

Neben der eigentlichen Hauptaufgabe, nämlich dem Einsatz bei Zugarbeiten (z. B. Pflügen), wird der Traktor auch als Träger und Antrieb für Gerätekombinationen und als Zugfahrzeug für Anhänger im Transporteinsatz verwendet.

Für den Antrieb der Geräte wird die Leistung wahlweise mechanisch (Heckzapfwelle, optional Frontzapfwelle) oder hydraulisch (div. Hydraulikanschlüsse an Front und Heck) zur Verfügung gestellt. Zurzeit wird intensiv in der Industrie und an Hochschulen über eine elektrische Leistungsschnittstelle zum Antrieb von Geräten nachgedacht. Erste Versuchsträger liefern hier Leistungen von 20 bis 130 kW [Br13].

2.1.1 Traktoraufbau

In den höher technisierten Märkten (z. B. Europa, Nordamerika) wird der Traktormarkt von wenigen internationalen Konzernen dominiert. Weltweit der größte Landtechnikhersteller mit 36 Mrd. $ Umsatz 2012 ist die Firma John Deere mit Konzernzentrale in Nordamerika und mit der größten deutschen Traktorfertigung in Mannheim. Danach folgt CNH (Case New Holland) mit 20,5 Mrd. $ Umsatz 2012 mit Konzernsitz in den Niederlanden und im Mehrheitsbesitz von Fiat, welche die Traktormarken CASE, New Holland und Steyr vertreibt. Die Nummer drei mit 10 Mrd. $ Umsatz 2012 ist AGCO mit den Marken Fendt, Massey Ferguson (MF), Valtra und Challenger, der Konzernsitz ist in den USA, der Schwerpunkt der Fertigungs- und Entwicklungsstandorte ist in Europa. Seit rund 10 Jahren hat sich der Erntetechnikspezialist CLAAS, 3,4 Mrd. € Umsatz 2012, auch zu einem Traktorhersteller erweitert. Die Same Deutz-Fahr Group (SDF) (Umsatz 2011 1,11 Mrd. €) hat ihre Zentrale in Italien und eine starke Fertigung in Deutschland, es werden die Traktormarken Same, Deutz-Fahr,

Lamborghini und Hürlimann verkauft. Weitere bekannte Marken stammen von der ARGO Gruppe (Landini, McCormick), von JCB, Kubota, Iseki, Zetor, Belarus, Kirovets, Lindner, siehe **Abb. 2.1** mit Daten aus [Ku13].

2.1.1.1 Einsatzspektrum und Wirtschaftlichkeit

Der typische Leistungsbereich von landwirtschaftlichen Traktoren reicht heute in Deutschland von 37 kW bis 370 kW, wobei die Durchschnittsleistung 2012 93 kW betrug. Der Bereich mit den größten Stückzahlen reicht von 59 bis 132 kW (siehe Abb. 2.1), wobei diese Werte im Lauf der Jahre immer weiter nach oben gewandert sind, [Ku13.1].

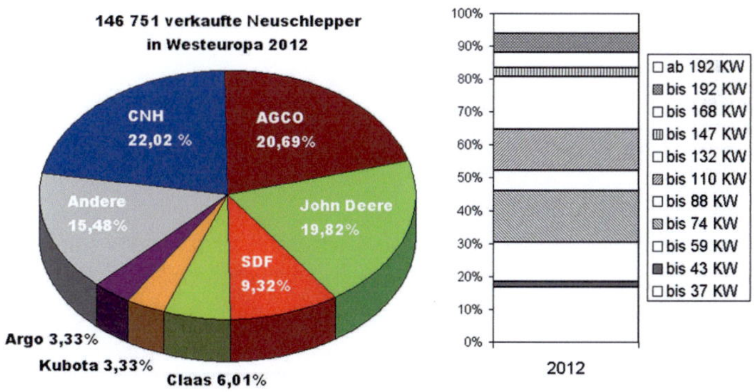

Abb. 2.1: *Marktanteile in Westeuropa und Leistungsklassen von Traktoren in D, [Pr13]*

Gesamtbetriebskosten von Traktoren setzen sich aus Investitionskosten und Betriebskosten zusammen. Betriebskosten wiederum bestehen aus Fixkosten und variablen Kosten (betriebsstundenabhängig). **Abb. 2.2** zeigt qualitativ die Kosten pro Betriebsstunde eines Traktors (ohne Lohn und Gerät) in Abhängigkeit der jährlichen Betriebsstunden. 800 bis 1000 h pro Jahr werden oft als Zielwert für die Investitionsplanung empfohlen. Die Wirtschaftlichkeit, bezogen auf den Kraftstoffverbrauch, wird im so genannten PowerMix Test überprüft. Hier wird ein Traktor nach vorgegebenen Kollektiven bzgl. Zugleistung, Hydraulikleistung und Zapfwellenleistung belastet und die Ergebnisse werden als Mittelwert des spezifischen Verbrauchs in Gramm pro geleisteter kWh angegeben, [Uh10].

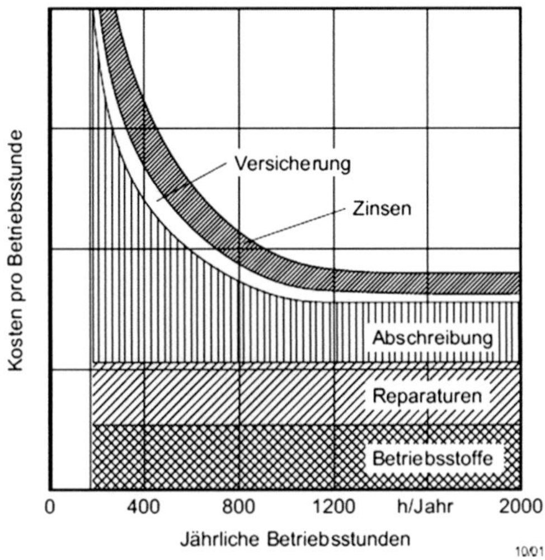

***Abb. 2.2:** Kosten je Betriebsstunde für Traktoren [Ku97]*

Der Hauptarbeitsbereich der Feldarbeit wird zwischen 4 und 12 km/h angegeben, mit einer leichten Tendenz hin zu höheren Arbeitsgeschwindigkeiten. Spezielle Pflege-, Pflanz- und Erntearbeiten werden bis hinunter zu wenigen hundert Meter pro Stunde gefahren, Transportgeschwindigkeiten erreichen heute bis zu 60 km/h bei Standardtraktoren (EU Standard derzeit 40 km/h). Schwere Bodenbearbeitung erfolgt typischerweise im Bereich von 5 bis 10 km/h, leichte Bodenbearbeitung etwas darüber.

2.1.1.2 Grundaufbau und Bauarten

Den typischen Aufbau eines europäischen Standardtraktors zeigt **Abb. 2.3**. Weiterhin gibt es den knickgelenkten Radtraktor mit gleich großen Rädern vorne und hinten (meist Zwilling), Raupentraktoren mit Gummilaufbändern und Sonderbauformen für besonders hohe Leistungen (300 bis 500 kW). Weitere übliche, aber weniger verbreitete Varianten sind der Trac mit vorne und hinten gleich großen Rädern und ggf. mehreren Aufbauräumen (z. B. Claas Xerion), hinterradgetriebene kleinere Plantagentraktoren und vereinzelt Frontsitztraktoren (z. B. Daimler Unimog) sowie Geräteträgerkonzepte (z. B. Fendt GT, 2004 eingestellt).

Tab. 2.1 zeigt eine Auswahl typischer Merkmale eines mitteleuropäischen Standardtraktors der Klasse 100 bis 150 kW.

Tab. 2.1: Typische Merkmale eines Mittelklassetraktors 100 bis 150 kW

Allgemeine Merkmale	Allroundfahrzeug für Ackerarbeiten, Transport, Pflegeeinsätze und Frontladereinsatz
Leermasse	6.000...8.000 kg
Zul. Gesamtgewicht	10.000...12.000 kg
Spurweite	ca. 1900 mm
Lenksystem	Hydrostatisch, Fremdkraft
Länge / Breite / Höhe	ca. 4.500 mm / 2.500 mm / 3.000 mm
Dieselmotor	4- oder 6-Zylinder, Turboaufladung ca. 100 bis 130 kW Bestverbrauch um 200 g/kWh
Kraftstoffvorrat	250...350 Liter
Getriebetechnik	Teil- / Vollastschaltung / Stufenlos
Geschwindigkeit	ca. 0,02...50 km/h (vorw. / rückw.)
Zapfwellen	bis 4 Drehz. (540/540E/1000/1000E)
Kabine	gefedert, klimatisiert, Geräusch 70 bis 75 dB(A) (Volllast)
Hubkraft Heck / Front	75...90 kN / 30...45 kN
Hydrauliksystem	Load Sensing, 100...160 l/min, 200 bar

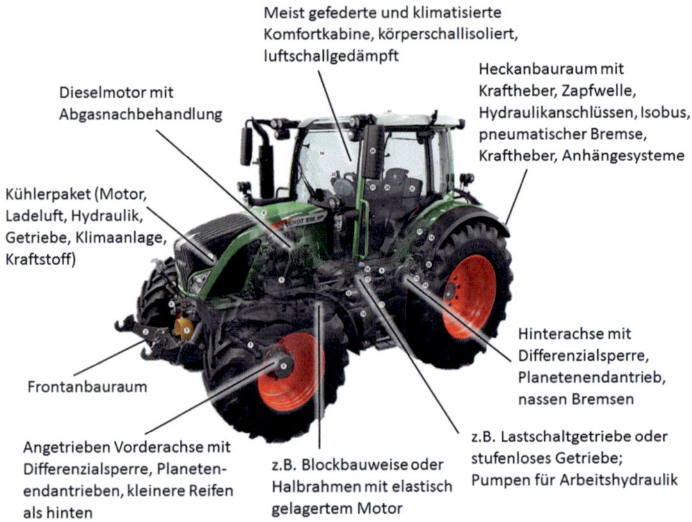

Abb. 2.3: *Aufbau eines typischen europäischen Standardtraktors [AGCO/Fendt Werkbild]*

2.1.1.3 Aufbau eines Traktors

Rumpfbauweisen

Seit der Einführung des bekannten Fordson Traktors 1917 werden die meisten Traktoren in der sogenannten Blockbauweise gebaut. Dabei bildet der Fahrzeugrumpf mit Motor, Getriebe und Hinterachse einen selbstragenden starren Verbund. Die Vorderachse ist pendelnd gelagert, um Unebenheiten im Feld ausgleichen zu können. Seit den 90er Jahren (John Deere 6000er Reihe) hat die Halbrahmen-Bauweise wieder an Bedeutung gewonnen. Dabei wird der Vorderwagen mit Vorderachsaufhängung, Motor (elastisch) und zum Teil auch das Getriebegehäuse in einem Stahl- bzw. Gussrahmen befestigt. Dieses Konzept ist vor allem für größere Stückzahlen geeignet. Die Vollrahmen-Bauweise, bei der auch die Hinterachse am Rahmen befestigt ist, beschränkt sich auf Sonderkonzepte (z. B. Claas Xerion mit starrer Hinterachse, JCB Fasttrac mit gefederter Hinterachse).

Fahrwerk und Federung

Lange Zeit verfügten die Traktoren nur über sehr einfache Federungssysteme (Vorderachse ohne Allrad mit Blattfedern, mit Allrad ungefedert, einfache Sitzfederungen), erst ab den 90er Jahren setzen sich komfortablere Federungssysteme durch. Aktuell gibt es zahlreiche unterschiedliche Varianten von hydropneumatisch gefederten Vorderachsen (dieses System ermöglicht eine hohe Achslastspreizung).

Bei den Kabinenfederungen reicht die Spanne von elastischen Kabinenlagerungen zur Schwingungsisolation, 2 Punkt gefederten Kabinen mit Schraubenfedern bzw. Luftfedern bis hin zur vollgefederten Kabine. Erste Hersteller bieten eine semiaktive Regelung der Dämpfung an. Zusätzlich werden sehr komfortable Sitzsysteme mit einer Luftfederung angeboten. Für den optimalen Fahrkomfort ist eine niederfrequente Abstimmung notwendig, z. T. sind auch aktive Systeme verfügbar.

Die Geräteschnittstellen sind auch gedämpft, um Stöße auf den Fahrzeugrumpf zu reduzieren. Am Frontkraftheber wird zum Teil ein Stickstoffspeicher als Federelement verbaut. Im Heckkraftheber werden die Bauteile der Lageregelung (Kraftmesssensor, Hubhöhe) für eine aktive Schwingungstilgung bei Transportfahrten mit Anbaugeräten genutzt. Eine Hinterachsfederung gibt es zur Zeit nur bei wenigen Systemtraktoren (z. B. JCB Fasttrac). Für den Standardtraktor konnte sich dieses Konzept aufgrund der hohen Belastungen, des begrenzten Bauraums und den daraus resultierenden hohen Kosten noch nicht durchsetzen.

Lenkung

Üblich beim Traktor ist eine rein hydraulische Lenkung, d. h. es gibt keine mechanische Verbindung zwischen Lenkrad und Vorderachse. Damit sind die Traktoren auch nicht für Autobahnfahrten zulassungsfähig.

Kabine

Kabinen müssen bzgl. ihrer Sicherheit bei einem Umsturz des Fahrzeugs geprüft sein. Der Fahrkomfort bzgl. Akustik, Klimatisierung, Ergonomie, Platzangebot, etc. ist ein wichtiges Verkaufsargument. Als Sonderlösung bieten einige Hersteller einen drehbaren Fahrerstand, der einen Schubbetrieb des Fahrzeugs ermöglicht (z. B. für Mäharbeiten, Schneefräsen, Mulcher).

2.1.1.4 Motorentechnik

Prinzipiell gilt für den Traktor das bereits in der allgemeinen Einführung gesagte, es gibt aber einige Besonderheiten.

Hohe Dauerlast, hohe Schwingungsbelastung

Im typischen Arbeitseinsatz (z. B. Bodenbearbeitung) wird der Traktor über lange Zeit mit einer hohen Auslastung von über 90 % betrieben. Dem entsprechend wichtig ist ein optimierter Kraftstoffverbrauch. Eine besondere Herausforderung ist dabei die Kühlung, und die hohe Stoß- und Schwingunsbelastung. Die Abgasnachbehandlungssysteme müssen auf den Einsatz in leicht entzündlichen Materialien (Staub, Heu, Stroh) ausgelegt sein.

Packaging

Der Bauraum des Motors wird durch verschiedene Randbedingungen stark eingeengt:

- Länge -> Radstand, Wendigkeit, Sicht bei Kreuzungen
- Breite -> Lenkeinschlag, Sicht zu Frontgeräten
- Höhe -> Sichtstrahl des Fahrers.
- Zusätzlicher Bauraum ist für die Abgasnachbehandlung notwendig.

Die Einsätze müssen oft mit geringen Fahrgeschwindigkeiten bei hoher Umgebungstemperatur (bis $45°C$) geleistet werden und nahezu keiner Fahrtwindkühlung. Dem entsprechend leistungsfähig müssen der oftmals geregelte Lüfter und die Kühlanlage sein. Neben dem Wasserkühler sind weitere Kühler für die Arbeits- und Getriebehydraulik, Motorladeluft, Kraftstoff und Klimakondensator notwendig.

Motorkennlinie mit konstanter Leistung

Eine gute Motorkennlinie weist einen sehr hohen Drehmomentanstieg (über 40 %) und einen weiten Bereich aus, in dem die Motorleistung größer oder gleich der Nennleistung ist. Dies ist notwendig, um Drehmomentspitzen im Arbeitsprozess (Fahrantrieb und Zapfwelle) abzufangen, ohne den Motor abzuwürgen. Bei stufenloser Antriebstechnik relativiert sich der Bedarf nach starken Drehmomentanstiegen für den Fahrantrieb.

Boostleistung

Einige Traktorhersteller bieten eine sogenannte „Boostleistung“ an, d. h. in bestimmten Fahrzuständen, in denen das Getriebe nicht so stark belastet ist (z. B. Zapfwelleneinsatz, Transportfahrten in höheren Gängen), wird auf eine Motorkennlinie mit höherer Nennleistung umgeschaltet.

2.1.1.5 Traktionsverhalten

Traktoren verbringen den überwiegenden Teil der Einsatzstunden im Feld. Eine besondere Herausforderung ist es, Schadverdichtung des Bodens gering zu halten und den Wirkungsgrad der Kraftübertragung auf den Boden zur Erzeugung von Zugleistung zu optimieren. Im Folgenden werden einige wichtige Aspekte etwas näher ausgeführt.

Bodendruck, Bodenschonung

Für ein optimales Pflanzenwachstum muss der Boden ein bestimmtes Porenverhältnis aufweisen. Ist er zu gering verdichtet, d. h. der Porenanteil ist zu hoch, so ist z. B. die Wasser- und Nährstoffversorgung der Pflanze beeinträchtigt, insbesondere durch Unterbrechung der Kapillarkräfte. Ist er zu stark verdichtet, hat das ebenfalls negative Folgen für das Pflanzenwachstum und letztlich den Ertrag. Wasser kann nicht aufgenommen werden, die Ausbildung des Wurzelwerkes der Nutzpflanzen leidet, Verschlämmung und Erosion drohen. Es ist daher eine wesentliche Aufgabe des Traktorfahrwerkes, die durch die Fahrzeugmasse und die dynamischen Kräfte der Arbeitswerkzeuge wirkenden Radlasten bodenschonend mit geringem Kontaktdruck abzustützen und die Tiefenwirkung der Verdichtung gering zu halten. **Abb. 2.4** zeigt links starke Spurbildung durch Befahren von nassem, wenig tragfähigem Ackerboden, rechts die Folgen für Pflanzenwachstum und Wasseraufnahme durch Schadverdichtung.

Profilierung und Bauart

Weiterhin muss das Profil der Bereifung derart ausgebildet sein, dass es die hohen Zugkräfte bei geringem Schlupf übertragen kann. Beim Befahren von Grasnarben/Grünland sollen die Profilstollen möglichst wenig Schäden verursachen. Für Straßenfahrt müssen gleichzeitig ein geringer Rollwiderstand und ein geringes Abrollgeräusch erreicht werden. Verschleißfestigkeit,

Abb. 2.4: *Spurbildung und Schadverdichtung im Ackerboden [Vo07]*

präzise Spurführung, Selbstreinigung, hohe Tragfähigkeit und Fahrkomfort sind weitere Kriterien. Heute übliche Radialreifen erfüllen diese Kriterien im Allgemeinen deutlich besser als die früher verwendeten Diagonalreifen. Traktorreifen sind heute fast ausschließlich schlauchlos ausgeführt.

Reifenbezeichnungen

Die Reifenbezeichnung gibt Informationen über die geometrischen Abmessungen des Reifens sowie seiner Tragfähigkeit, Bauart, Geschwindigkeitseignung, Profilausführung und Baudatum. Eine typische Kurzbezeichnung lautet z. B. 710/70 R 42. Bedeutung: der Reifen hat eine Nennbreite von 710 mm, bei einem Querschnittsverhältnis Flankenhöhe zu Breite von 70 %, Bauart Radialreifen (R), Felgendurchmesser 42 $Zoll$. Alle Hersteller von landwirtschaftlichen Reifen haben mittlerweile gute technische Ratgeber mit vielen Informationen online verfügbar.

Tragfähigkeit und Reifendruckanpassung

In diesen Informationsschriften können auch die passenden Werte für den geeigneten Reifendruck abgelesen werden. Im Gegensatz zu Straßenfahrzeugen ist der Spagat der Anforderungen zwischen den verschiedenen Betriebsbedingungen immens. Auf der einen Seite steht der Straßenbetrieb mit möglichst hoher, kostengünstiger Tragfähigkeit, geringem Bauvolumen, Rollwiderstand und Reifengewicht, auf der anderen Seite steht der Feldeinsatz mit den Anforderungen geringen Bodendruckes, hoher Traktionseffizienz, Federungs- und Dämpfungseigenschaften zur Abmilderung von Stößen sowie guter dynamischer Kippsicherheit. Diese diametral unterschiedlichen Anforderungen können nur durch eine Anpassung des Reifendruckes (Acker gering, Straße hoch) auf den jeweiligen Einsatz und ausgeklügelten Aufbau des Reifens bedient werden. Komfortable, voll integrierte Reifendruckregelsysteme sind daher von großer praktischer Bedeutung für Traktoren. Der richtige Reifendruck ist abhängig von Reifengröße und -bauart, Fahrgeschwindigkeit, Radlast und zu übertragendem Drehmoment. **Abb. 2.5** zeigt den Unterschied der Kontaktfläche eines Reifens bei gleicher Radlast und unterschiedlilchem Reifendruck.

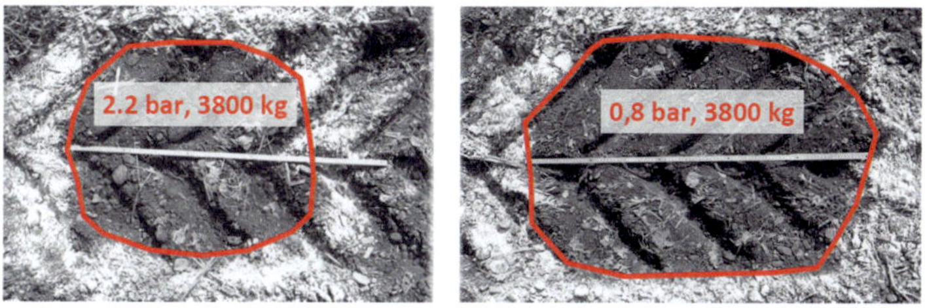

Abb. 2.5: *Kontaktfläche bei zwei unterschiedlichen Reifendrücken [Pi11]*

Ballastierung und dynamische Achslast

Kein Fahrzeug muss im Betrieb derart unterschiedliche Achslasten und Achslastverhältnisse bewältigen wie der Traktor. Die Maschine kann leer bewegt werden, mit Front oder/und Heckanbau sehr schwerer Geräte, bei verschiedenen Ballastierungen und unter starkem Einfluss dynamischer Kräfte durch Gerätezugkraft und Stützlast. Um trotzdem Fahr- und Lenksicherheit, günstigen Bodendruck und hohe Zugkraftbereitstellung bei geringem Schlupf zu ermöglichen, müssen Traktoren je nach Einsatz möglichst variabel ballastiert werden. Üblich sind vor allem Frontgewichte, teilweise modular, wie auch in die Felgen integrierbare Gewichte. Weniger häufig sieht man rahmenfeste Gewichte, auch Flüssigkeitsfüllungen der Reifen zur Ballastierung sind insbesondere in Europa weniger verbreitet.

Traktorreifen übernehmen weiterhin eine wesentliche Aufgabe bzgl. Komfort und Fahrsicherheit, indem sie Federungs- und Dämpfungseigenschaften mitbringen, da bei vielen Traktoren, v. a. an den Hinterachsen keine Achs- und Radfederungen im Fahrwerk integriert sind (unter anderem aufgrund der hohen dynamischen Bandbreite der Betriebsachslasten).

Raupenlaufbänder

Eine Alternative zu Reifen sind Gummilaufbänder, die unter starker Vorspannung über Trag- und Stützrollen geführt die Last am Boden abstützen. Bei geeigneten Betriebsbedingungen können diese Raupenlaufwerke hohe Zugkräfte bei geringem Schlupf übertragen, geringe mittlere Bodendrücke darstellen und entsprechend effizient und bodenschonend arbeiten. Nicht vergessen werden dürfen allerdings ausgeprägte Druckspitzen unter den Rollen, sowie die starke Sensitivität auf unausgewogene Achslastverhältnisse. Für Straßenfahrt ist diese Lösung aufgrund des geringeren Federungskomforts und des hohen Abriebes weniger geeignet. Bei Wendemanövern wird der Boden aufgeschoben, Lenkgetriebe sind generell aufwändiger und teurer als bei Radfahrzeugen.

2.1.1.6 Bedienung, Elektronik und Automatisierung

Moderne Traktoren sind ohne umfassende Elektroniksysteme nicht mehr denkbar. Viele Funktionen der Maschine selbst und des Anbaugerätes werden über Sensoren, Aktoren, Steuergeräte und Bus-Kommunikation geregelt und gesteuert.

Bedienerschnittstellen

Der Fahrerplatz eines Traktors muss die sichere und ergonomische Bedienung der Maschine in allen Einsätzen erlauben. Waren früher viele mechanische Hebel, Bowdenzüge und Wellen zu integrieren, werden heute fast alle Traktorfunktionen by Wire gesteuert. Bis auf einige elektrische Steckverbindungen und die Hydraulikschläuche der Lenkung und Bremse, ist die Kabine völlig vom Rumpf entkoppelt. Multifunktionshebel zur Steuerung der Fahr- und Hydraulikfunktionen, elektrische Schalter, Folientastaturen sowie berührungsempfindliche, großformatige Displays dienen als Ein- und Ausgabegeräte. Neben der bequemen Betätigung hat dieses konsequente Konzept der elektronischen Maschinenbedienung noch weitere Vorteile. Da Durchbrüche und mechanische Verbindungen zum Rumpf entfallen, kann eine extrem gute Körperschallentkoppelung, wie auch Luftschalldämmung erreicht werden. Die wichtigsten Bedienelemente können konzentriert in einer am gefederten Sitz angebrachten Armlehne untergebracht werden, wodurch störende Relativbewegungen zwischen

Fahrer und Bedienelementen vermieden werden. Die konsequente Elektronifizierung erlaubt einen weitgehenden Einsatz von Assistenz- und Automatikfunktionen, die die komplexe Bedienung großer Maschinen deutlich erleichtert und verbessert. **Abb. 2.6** zeigt die Kabine mit Bedien- und Anzeigeelementen eines modernen Traktors.

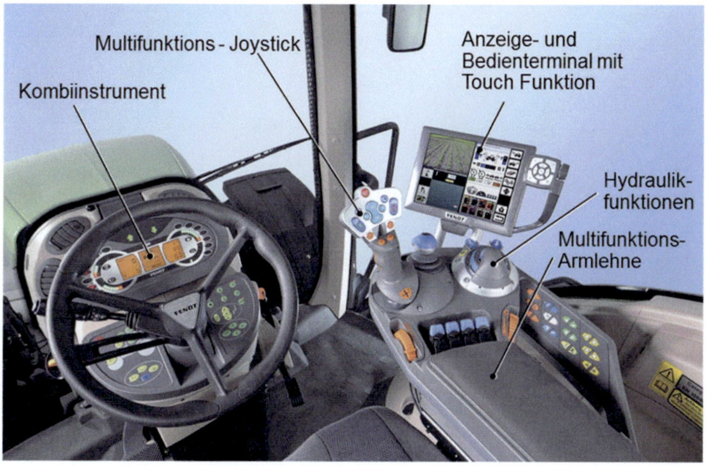

Abb. 2.6: *Kabine Innenansicht eines modernen Standardtraktors [AGCO/Fendt Werkbild]*

Elektronikkonzepte

Die Elektronikkonzepte von Traktoren umfassen heute im Allgemeinen neben den analogen Signalverbindungen im Kabelbaum und der grundlegenden Stromversorgung mindestens eine, meist mehrere digitale CAN Bus Kommunikationslinien. Über diese Bussystem werden Steuergeräte (z. B. Dieselmotor, Getriebe, Komfort), intelligente Sensoren (z. B. GPS Empfänger) und Aktoren (z. B. Hydraulikventile) vernetzt. Vielfältige Sensoren (Weg, Winkel, Druck, Temperatur, Kraft, etc.) überwachen die umfangreichen Funktionsmodule eines Traktors in den Bereichen Mechanik, Elektrik, Pneumatik und Hydraulik, sowie zunehmend auch chemische Prozesse im Bereich der Abgasnachbehandlung aufgrund scharfer gesetzlicher Emissionsvorgaben. In Verbindung mit den genannten Aktoren werden Regelkreise aufgebaut, die dem Fahrer Arbeiten abnehmen und erleichtern. Als Beispiele können hier Motor-Getriebe Management Systeme,

Kraftheberregelungen und Vorgewende Management Systeme genannt werden. **Abb. 2.7** zeigt ein typisches CAN Bus Netzwerk bei Fendt Vario Traktoren.

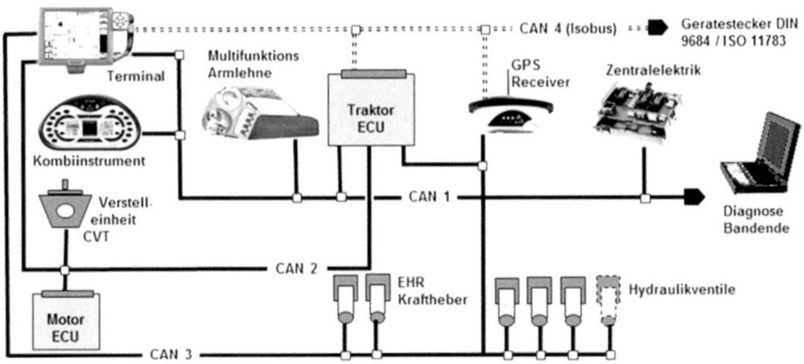

***Abb. 2.7:** CAN Bus Netzwerk bei Fendt Traktoren [AGCO/Fendt Werkbild]*

Offene Kommunikationsstruktur – Isobus

Eine Besonderheit bei Traktoren und Geräten gegenüber z. B. On Road Fahrzeugen und Baumaschinen ist die Möglichkeit einer offenen, erweiterbaren, elektronischen Kommunikationsstruktur. Um die Bedienung und Zustandsanzeige komplexer Anbaugeräte zu erleichtern, wurde die ISO 11783 („ISOBUS") geschaffen. Nach diesem Standard, der auf CAN Kommunikation basiert, können sich Traktor und Gerät über eine Schnittstelle (Isobus Stecker) zu einem modularen Selbstfahrer verbinden. Die elektronischen Steuerungen von Traktor und Gerät arbeiten dann quasi unter einem Dach, von zentraler Stelle aus gesteuert zusammen. Die AEF (Agricultural Industry Electronics Foundation) homologiert und zertifiziert Isobus Geräte und Maschinen und sorgt für die Weiterentwicklung des Standards und die Kompatibilität der Maschinen. Nach Anstecken des Gerätes an den Traktor werden über den Isobus die spezifischen Daten übertragen und eine Bedienmaske auf das Traktorterminal (oder auch separat installierte Displays) eingespielt. Anschließend kann das Anbaugerät vom Fahrerplatz aus, wie der Traktor selbst, zentral bedient und überwacht werden. Außerdem können Maschinen- und Gerätedaten zum Zwecke der Nachverfolgbarkeit bei der Nahrungsmittelerzeugung (Traceability) oder

Dokumentation von Aufträgen (Lohnunternehmer) zur Abrechnung und zum Betriebsmanagement einfach gesammelt werden.

Weitere Entwicklungen im Bereich Isobus sind

- Tractor Implement Management (TIM): Der Traktor wird via Isobus durch das Gerät gesteuert. Die Standardisierung dieses Ansatzes wird in der AEF vorangetrieben, erste proprietäre Lösungen wurden bereits vorgestellt.
- Section Control: das GPS basierte Schalten von Teilbreiten des Gerätes, beispielsweise beim Spritzen keilförmiger Ackerschläge.
- Variable Rate Control: variable Anpassung der Durchsatzrate von z. B. Dünge- oder Spritzmitteln je nach Bedarf des momentan bearbeiteten Feldsegments.

Spurführungssysteme

Eine der größten Errungenschaften der Agrarelektronik war die Einführung von Lösungen zur präzisen Spurführung mittels satellitengestützer Navigation. Durch geeignete Korrektursignale verschiedener Anbieter oder durch lokale RTK (Real Time Kinematics) Netze ist eine Genauigkeit im Bereich weniger Zentimeter erreichbar. Dadurch können z. B. große, unübersichtliche Maschinen auch bei schlechten Sichtbedingungen, bei Nacht und bei Staubentwicklung präzise und ermüdungsfrei geführt werden. Überlappungen werden dadurch vermieden, ebenso unbearbeitete Stellen. Eine ideale Pfadplanung für einzelne Ackerschläge kann abhängig von der Arbeitsbreite durchgeführt werden. Neben der ermüdungsfreien Präzision dieses automatischen Lenksystems sind weitere Vorteile die Einsparung von Betriebsmitteln (z. B. Spritzmittel, Dünger, Saatgut) durch die mögliche Präzision. Schwierigkeiten kann die Abschattung des Signals z. B. an Waldrändern bereiten. Das System wird bei der Feldarbeit aktiviert und ist bei der Straßenfahrt inaktiv.

2.1.1.7 Geräteschnittstellen

Ein Blick auf das Traktorheck, **Abb. 2.8**, zeigt, dass dieses geradezu überladen ist mit Kopplungseinrichtungen für Geräte und Anhänger. Auch in der Traktorfront sind im kleineren Umfang Anschlussmöglichkeiten vorhanden.

Abb. 2.8: *Schnittstellen im Traktorheck*

Kraftheber

Dieser dient als Koppelstelle zu den Anbaugeräten und muss über eine ausreichende Hubkraft verfügen, um alle Geräte (z. B. Pflüge und Bestellkombinationen) auch mit einem gewissen Schmutzanteil ausheben zu können. Damit ein freier Austausch von Gerät und Traktor möglich ist, sind die geometrischen Abmaße genormt Kategorie I für leichte Traktoren bis IV für Großtraktoren.

Anhängekupplungen und Anhängerbremsen

In Deutschland ist eine höhenverstellbare Bolzenkupplung Standard, daneben hat auch die Kugelkopfkupplung (K80) an Bedeutung bei schweren Anhängern gewonnen, da diese weniger Spiel hat und damit einen besseren Fahrkomfort bietet. Daneben gibt es noch weitere Kupplungssysteme wie z. B. das Piton Fix, das Zugpendel oder der Hitchhaken. Für die Ansteuerung der Bremsen werden Druckluftanschlüsse oder z. T. auch hydraulische Bremsanschlüsse (z. B. für Frankreich) benötigt. Zusätzlich braucht man natürlich eine Anhängersteckdose für die Anhängerelektrik und -beleuchtung.

Hydraulische und pneumatische Schnittstellen

Über Hydraulikventile lassen sich am Traktor verschiedene Funktionen am Gerät schalten, für jeden Kreis wir ein Zu- und Rücklauf benötigt. Typische Maximalausstattung sind z. B. 6 Kreise im Traktorheck. Daneben wird noch eine ungesteuerte direkte Hydraulikversorgung angeboten (Power Beyond), die Schaltfunktionen müssen dann am Gerät sitzen. Dieses System benötigt einen groß dimensionierten Zulauf und Rücklauf, und daneben bei einem Load Sensing System am Traktor noch eine Steuerleitung.

Zapfwelle

Über genormte Wellenanschlüsse kann die Motorleistung mit verschiedenen Drehzahlen in Heck und Front des Traktors an Geräte übertragen werden.

Elektrische Schnittstellen

Für die Kommunikation der Traktor- und Geräteelektronik sorgt eine CAN-Bus Schnittstelle (siehe Kapitel zu Isobus). Über diese Steckdose kann auch elektrische Leistung mit einer Spannung von 12 V und einer Stromstärke von rund 60 A übertragen werden. Damit können kleine elektrische Aktuatoren z. B. bei Einzelkorn Sämaschinen betrieben werden.

Derzeit wird darüber hinaus die Möglichkeit diskutiert höhere elektrische Leistung bis zu 150 kW bei einer Spannung von bis zu 700 V für die Versorgung von Anbaugeräten zur Verfügung zu stellen. Hierfür muss, wie bei Hydraulik, Pneumatik und Niedervoltelektrik, eine standardisierte Schnittstelle geschaffen werden.

Frontlader

Für den Einsatz von Ladearbeiten kann ein so genannter Frontlader am Fahrzeug angebaut werden. Der Traktorrumpf, die Hydraulik und die Vorderachse (Achslast und Drehmoment, Reifentragfähigkeit, Lenkvermögen) müssen sorgfältig für diesen Anwendungsfall ausgelegt sein.

2.1.2 Getriebetechnik für Traktoren

Autor: Dr.-Ing. Karl Grad, Fa. ZF Friedrichshafen

2.1.2.1 Einleitung

Das Getriebe stellt zusammen mit der Hinterachse und der meist angetriebenen Vorderachse sowie dem Verbrennungsmotor die zentrale Baugruppe im Traktor dar.

Abb. 2.9: *Traktorgetriebetechnik beinhaltet das eigentliche Getriebe, die Hinterachse und die angetriebene Vorderachse*

Für die Auslegung und die konstruktive Gestaltung der Traktorgetriebe und -achsen sind eine ganze Reihe von Anforderungen und Schnittstellen am Traktor zu berücksichtigen, die aus den Details der Fahrzeugkonzepte, den unterschiedlichen Anwendungsmöglichkeiten und aus Richtlinien entspringen. Maßgebliche Relevanz haben die installierte Leistung (ca. 15 bis 515 kW) und Einsatzgewichte, die Art der Zugleistungsübertragung auf die Fahrbahn mittels Rad- oder Raupenfahrwerken, die Anwendung des Traktors im Feld, zu Transportzwecken oder auch zu Sondereinsätzen in Obst-/Weinbau oder Kommunalarbeiten. Regionale Besonderheiten bei der Nutzung von Traktoren weltweit und gesetzliche Bestimmungen sind immer häufiger zu berücksichtigen. Auch Fahrwerk und Lenkung haben gewisse Anforderungen an den Antriebsstrang.

Abb. 2.10: *Viele Aspekte und technische Details sind bei der Auslegung und Dimensionierung vor Traktorgetrieben und -achsen zu berücksichtigen*

2.1.2.2 Fahrzeug- /Getriebeschnittstellen

Motor

Der Verbrennungsmotor zählt zu den wichtigsten Schnittstellen des Getriebes im Fahrzeug. Aufgrund der verbreiteten selbsttragenden Gehäusebauweise ist das Getriebe mit dem Motor fest verschraubt. Daneben sind vor allem die Leistungsdaten und der spezielle Verlauf von Drehmoment, Leistung und spezifischem Kraftstoffverbrauch bestimmende Größen für Konzeption und Auslegung eines passenden Getriebes. In modernen elektronisch gesteuerten Antrieben sind auch zunehmend dynamische Eigenschaften des Motors von Bedeutung, um eine gute Abstimmung des Fahrverhaltens erzielen zu können.

Reifen Boden

Aus dem Reifen-/Bodenkontakt sind die auftretenden Kräfte in der Radaufstandsfläche und die resultierenden Längs- und Seitenkräfte wichtig für die

Dimensionierung der Gehäuse und des Antriebsstrangs. Da Traktorgetriebe eine sehr hohe Gesamtübersetzung erzeugen können, kann bei niedrigen Fahrgeschwindigkeiten das Abtriebsmoment meist nicht mehr durch den Reifen-/Bodenkontakt abgestützt werden – für die Dimensionierung des Antriebs kann diese Schlupfgrenze bei kleinen Gängen genutzt werden, während für höhere Geschwindigkeiten die antriebsseitigen Momente des Motors auslegungsbestimmend sind [Re95].

Nebenantriebe

Neben der Fahrfunktion und der Zugkraftübertragung verteilt das Traktorgetriebe die Motorleistung auch auf Nebenabtriebe; dazu gehören heute Hydraulikpumpenantriebe und die Zapfwelle, zukünftig wohl auch ein elektrischer Generatorantrieb. Zapfwellengetriebe müssen im Boostbetrieb Leistungen größer als die Fahrantriebsleistung übertragen können. Zunehmende Bedeutung erlangt die Steuerung der Leistungsflüsse und die Aufteilung der Motorleistung auf Fahrantrieb und Nebenabtriebe.

Geräteschnittstellen

Die Schnittstelle zu den Geräten wird überwiegend an der Hinterachse realisiert und entweder über den Dreipunktkraftheber oder diverse genormte Anhängevorrichtungen gelöst. Relevant für die Konstruktion und Auslegung der Getriebe und Achsen sind die konstruktiven Anbindungen und die zu erwartenden Belastungen aus der Gerätekopplung, nämlich Stütz- und Achslasten, Zug-, Brems- und Seitenführungskräfte inkl. deren dynamische Verläufe und Zeitanteile.

Elektronische Schnittstellen

Getriebesteuerungen sind standardmäßig Bestandteil moderner Traktorantriebe. Üblicherweise kommuniziert das Getriebesteuergerät über CAN-Bus mit einem übergeordneten Fahrzeugleitrechner und/oder dem Motorsteuergerät.

Schnittstellen zum Fahrer

Nicht zu vergessen sind die zahlreichen Schnittstellen zwischen Getriebe, Achsen und dem Bediener. Da die überwiegende Zahl dieser Schnittstellen nicht mehr mechanisch ausgeführt ist, sind die max. zul. Betätigungskräfte mit Ausnahme der Bremsbetätigung in den Hintergrund getreten zugunsten vereinfachter Bedienung und Produktivitätssteigerung durch automatisierte Abläufe.

2.1.2.3 Getriebe

Bauarten

Traktorgetriebe haben die folgenden Hauptfunktionen:
Drehzahl- / Drehmomentwandlung, Übersetzungsverstellung, Drehrichtungsumkehr, Drehmomentverteilung zwischen den Achsen und Rädern und Leistungsbereitstellung für Nebenabtriebe. Darüber hinaus gibt es wichtige Nebenfunktionen, u. a. als Ölbehälter für Arbeitshydraulik, als Chassis, als Befestigung (z. B. Kabine, Tank) oder als Schutz vor Bauteilüberlastung.

Ausgeführte Konzepte

Bei den ausgeführten Konzepten kommen zwei grundsätzliche Bauweisen zum Einsatz. Die Vorgelegebauweise ist besonders weit verbreitet und als konstruktive Lösung in Synchrongetrieben, Lastschaltgetrieben, Wendegetrieben und als Gruppengetriebe anzutreffen. Die Bauweise als Planetengetriebe findet sich in Lastschaltgetrieben, leistungsverzweigten Getrieben, in Endantrieben von Achsen, zum Teil in Reversiergetrieben und als Kegelradgetriebe in Differentialen wieder; besondere Vorteile liegen in der hohen Leistungsdichte und der kompakten Bauweise, allerdings sind Herstellbarkeit, gleichmäßige Lastverteilung und Schmierölführung schwieriger zu beherrschen als in Vorgelegegetrieben. Meist trifft man Kombinationen aus beiden Bauweisen in einem Traktorfahrantrieb an.

Stufengetriebe

Stufengetriebe sind oft aus drei Modulen aufgebaut:

- Ein Modul (meist nahe am Motor) erzeugt eine feine Abstufung der Übersetzung (z. B. 20 % Stufensprung) und wird oft als Splitter oder Splitgetriebe bezeichnet. Zuweilen erfolgt in diesem Modul auch die Drehrichtungsumkehr.

- Eine oder zwei Kupplungen (je nach Reversierkonzept) zum Anfahren und Reversieren unter Last.
- Ein Gruppengetriebemodul mit 4 bis 6 Gängen, zuweilen auch nochmals dupliziert in einer Feld- / Straßengruppe.

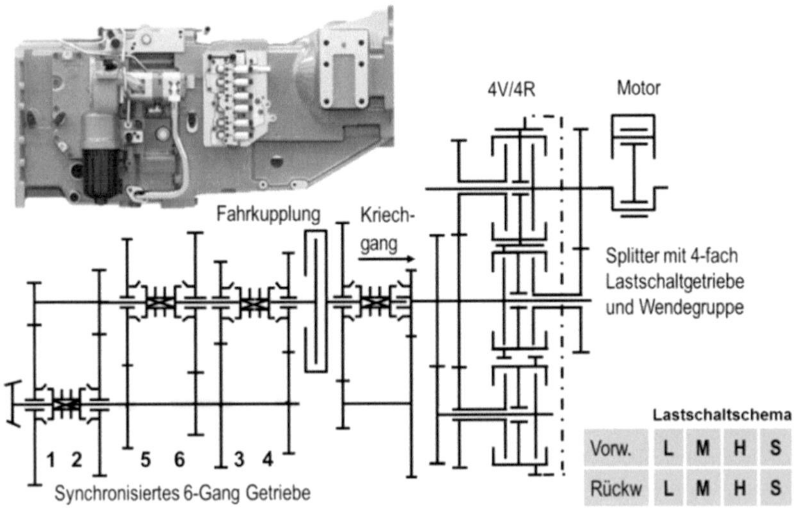

Abb. 2.11: *Stufengetriebe der Baureihe ZF T-7200 mit den Hauptmodulen 4-fach V/R-Lastschaltsplitter, Hauptkupplung und 6-Gang Gruppengetriebe*

Stufenlose Getriebe

Stufenlose Traktorgetriebe werden heute bis auf wenige Ausnahmen als hydrostatisch-leistungsverzweigte Getriebe ausgeführt. Die Hydrostatik dient der stufenlosen Übersetzungsverstellung; das Prinzip der Leistungsverzweigung wird genutzt, um den Getriebewirkungsgrad gleichzeitig hoch zu halten, indem ein möglichst großer Anteil der Leistung auf mechanischem Wege übertragen wird. Eine sehr detaillierte Übersicht der Grundkonzepte und der damit verbundenen typischen Eigenschaften findet man in [Re95]. Eine sehr verbreitete Ausführung eines stufenlosen Getriebes mit gekoppeltem Antrieb zeigt **Abb. 2.12**.

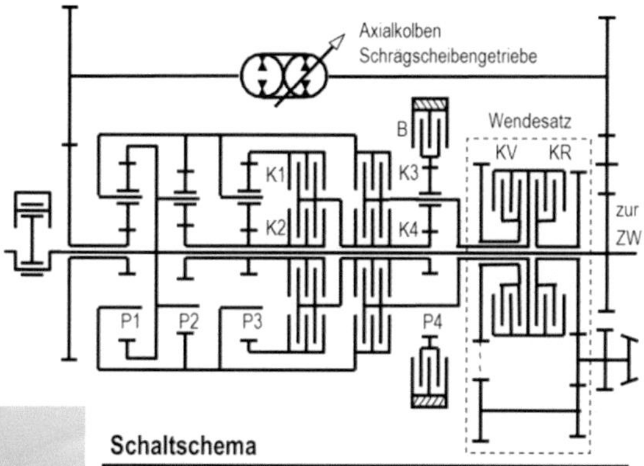

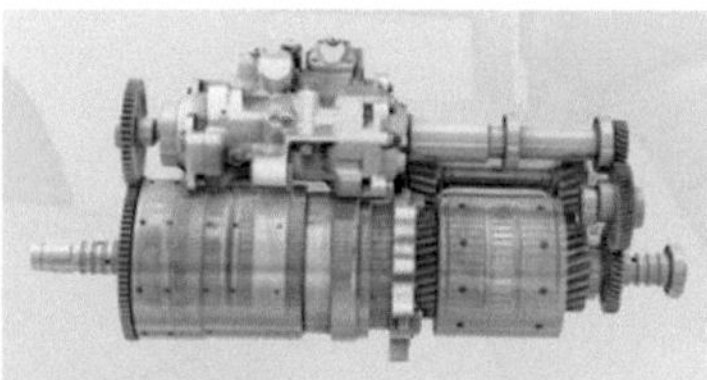

Schaltschema

V_V km/h	K_1	K_2	K_3	K_4	B	P_1	P_2	P_3	P_4
0 – 6	o				o	o	o	o	o
6 – 12		o			o	o	o		o
12 – 24		o	o			o			
24 – 48		o		o		o	o		

Abb. 2.12: *Stufenloses hydrostatisch-leistungsverzweigtes Getriebe der Baureihe ZF Eccom [Gr07]*

Getriebebedienung und -steuerung

Für die Getriebebedienung sind Betätigungskräfte und –wege maßgeblich. Mechanische Schaltgestänge sind bei einfachen Gang- und Gruppengetriebeschaltungen vorzufinden, allerdings oftmals nicht so ergonomisch anzuordnen wie Bowdenzugschaltungen – bei letzteren ist auf gute, gleichmäßige und konstante Wirkungsgrade in jeder Schaltrichtung zu achten. Bei automatisierten Stufen- und stufenlosen Getrieben kommen shift-by-wire Lösungen zum Einsatz, Schaltstrategien und Schaltkomfort sind dabei wichtige Bewertungsmaßstäbe und wesentliche Elemente der Feinabstimmung in der Entwicklungsphase. Elektronische Steuerungen sind Standard bei Lastschalt- und stufenlosen Getrieben und werden zunehmend direkt am Getriebe und nicht mehr in der Kabine untergebracht [Be06].

2.1.2.4 Achsen und Allradantrieb

Allradantrieb

Der zusätzliche Antrieb der gelenkten Vorderachse hat sich bei Standardtraktoren schon seit langem durchgesetzt. Zu den zahlreichen Vorzügen des Allradantriebs zählen der bessere Fahrwerkwirkungsgrad, die Bodenschonung durch die insgesamt größere Reifenaufstandsfläche (Schlupf, Bodendruck), aber auch besseres Bremsverhalten, bessere Steigfähigkeit und insgesamt bessere Eignung für den Frontladereinsatz. Die Realisierung der Funktion erfolgt mittels starrer Kopplung der Antriebsachsen - eine technische Lösung, die trotz einiger funktionaler Einschränkungen [Gr07] aufgrund des sehr guten Kosten-/Nutzenverhältnisses auch heute noch in modernen Traktoren anzutreffen ist.

Lenkachsen

Die Traktorlenkachsen sind als Außenplanetenachsen ausgeführt [Wi89]. Über die Jahre hat sich deren Funktion kaum verändert, lediglich optionale Bremsen im Radkopf und Federungen sind als Funktion hinzugekommen. Die Lenkachsen werden mittig angetrieben und sind (zentral oder übermittig) pendelnd im Traktorvorderwagen aufgehängt. Schwerpunkte der Entwicklung liegen auf Verlustleistungsreduzierung und Modulbauweise, die es ermöglicht, Funktionsoptionen kostengünstig zu produzieren.

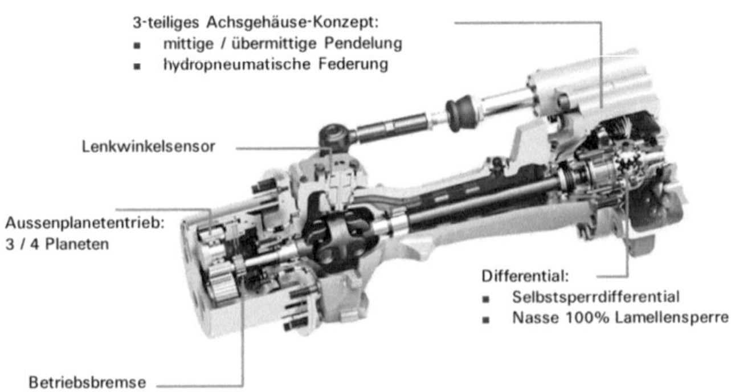

Abb. 2.13: *Angetriebene Traktorlenkachse der Baureihe ZF TerraSteer mit ausgeprägt modularem Aufbau zur kostengünstigen Realisierung der geforderten Funktionen*

Insbesondere für höheren Leistungen und Ansprüche werden vereinzelt auch Einzelradaufhängungen am Markt angeboten, die oft sehr stark in den Vorderwagen des Traktors integriert sind.

Hinterachsen

Die Hinterachsen sind bei Traktoren immer fest mit dem Getriebe verbunden (sog. Transaxle-Bauform). Sie beinhalten die Baugruppen Kegeltrieb mit Sperrdifferential, nasse Bremse, Planetenendtrieb, Kraftheber- und Gerätekoppelpunkte und Zapfwellengetriebe.

Bremsen

Die Bremsen der Hinterachsen sind als nasse Lamellenbremsen ausgeführt (Ein- oder Mehrscheibenbremse) mit/ohne Feststellbremsfunktion. Über die steigenden Fahrzeuggewichte und vor allem den Anstieg der maximal zulässigen Fahrgeschwindigkeiten von 25 auf bis zu 60 km/h sind die abzuführenden Energien stark gestiegen und stellen damit sehr hohe Anforderungen an die Wärmeabfuhr. Die Zuschaltung der Vorderachse beim Bremsen lässt sich als kostengünstige Lösung bis zu einer max. Fahrgeschwindigkeit von 50 km/h noch realisieren; für höhere Anforderungen sind zusätzliche Bremsen an der Vorderachse nötig. Gerade für nasse Mehrscheibenbremsen sind die Schleppverluste im geöffneten Zustand zu kontrollieren – hilfskraftunterstützte Betätigungskreise ermöglichen niedrige Betätigungskräfte und große Lüftspiele bei gleichzeitig hohen Verzögerungswerten. Für die Auslegung ist die Wahl der Belagsorte (Sinter, Papier oder Carbon) und der Ölsorte von entscheidender Bedeutung und im Rahmen der Entwicklung bzgl. Haltbarkeit, Ansprechverhalten, Dosierbarkeit und Geräuschentwicklung zu validieren.

2.2 Mähdrescher

Autor: Dr.-Ing. T. Barrelmeyer, Fa. Claas

Bei der Entwicklung von landwirtschaftlichen Maschinen sind technische, ergonomische, ökonomische und ökologische Kriterien zur Bewertung von technischen Lösungen heranzuziehen. Nachdem die ersten Maschinen als gezogene Maschinen ausgeführt wurden (Mähmaschinen 1830, Mähbinder 1872, Mähdruschbinder 1937), wurde 1953 der erste Mähdrescher als selbstfahrende Erntemaschine in Deutschland auf den Markt gebracht. Der Mähdrescher ist eine Schlüsselmaschine in der Verfahrenskette Körnerernte. Die Bedeutung dieser Maschine wird mittel- und langfristig hoch sein, da mit dieser Maschine wichtige Erntefrüchte für die menschliche und tierische Ernährung eingebracht werden. Das Konzept einer selbstfahrenden Erntemaschine hat sich durchgesetzt, da die Wertschöpfung vergleichsweise hoch ist. Allerdings sind die Preise für die erzeugten Produkte in den letzten Jahren sehr stark schwankend. So hat sich der Preis für 1 Tonne Weizen in den letzten 4 Jahren zwischen 115 und 280 € bewegt, [WW01]. Die Weltbevölkerung ist von 1950 bis 2005 um 260 % gewachsen, die nutzbare Ackerfläche pro Kopf reduzierte sich allerdings um ca. 50 %, **Abb. 2.14**. Bis zum Jahr 2050 müssen etwa neun Milliarden Menschen ernährt werden und das mit Hilfe einer immer kleiner werdenden landwirtschaftlich genutzten Fläche. Die bewässerte Ackerfläche hat sich im Zeitraum 1960 bis 2002 etwa verdoppelt. Verantwortlich für den Verlust an wertvoller Ackerfläche sind eine weiterhin wachsende Industrie, Bodenerosion, Überweidung, übermäßige Ausbeutung für Energieholz und die Waldabholzung [WW02].

2.2.1 Stoffeigenschaften

Bei den Ernte- und Arbeitsverfahren ist die Kenntnis der Stoffeigenschaften besonders wichtig. Sie haben einen erheblichen Einfluß auf die Gestaltung der Maschinen und Anlagen und auf den sogenannten Gutfluß in der Erntemaschine. Beispielhaft sind folgende Stoffeigenschaften zu nennen: Reibwerte, Feuchtigkeit, Schüttdichte, Dichtespektrum, Bruchempfindlichkeit, Zähigkeit, Schwebegeschwindigkeit, Korngröße. Um die Stoffeigenschaften zu quantifizieren, werden besondere Sensoren entwickelt und eingesetzt. Die

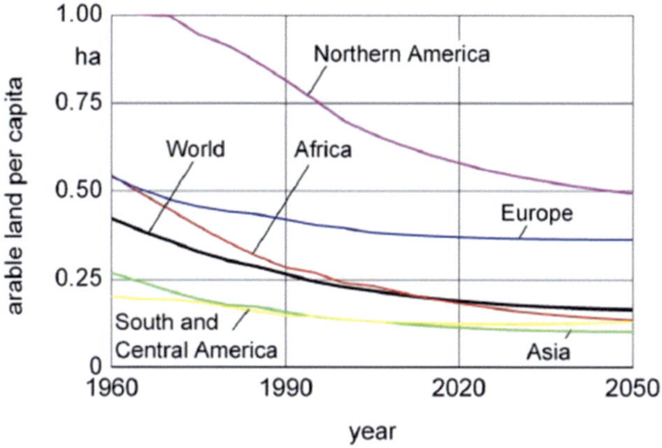

***Abb. 2.14:** Entwicklung der landwirtschaftlich genutzten Fläche pro Kopf [WW03]*

Schwebegeschwindigkeit ist als technologische Stoffeigenschaft besonders wichtig für den Sichtvorgang im Mähdrescher (sprichwörtlich: „Die Spreu vom Weizen trennen“). Es handelt sich um die Anströmgeschwindigkeit, mit der ein Korn angeblasen werden muss, damit es in der Schwebe bleibt, Gewichtskraft und Luftwiderstandskraft stehen gerade im Gleichgewicht, **Abb. 2.15** [Sc12] [Ba91]. Somit ergibt sich:

$$F_w = c_w \cdot A \cdot \frac{\rho}{2} \cdot v^2 \qquad (2.1)$$

$$F_G = m \cdot g \qquad (2.2)$$

$$F_G = F_W \qquad (2.3)$$

mit c_w Luftwiderstandsbeiwert des angeströmten Körpers, A projezierte Fläche des angeströmten Körpers, v Relativgeschwindigkeit zwischen Körper und umströmender Luft und ρ Dichte der Luft.

Tatsächlich handelt es sich bei einem Haufwerk von Körnern um eine Schwebegeschwindigkeitsverteilung, die mit einem Schwebegeschwindigkeit-

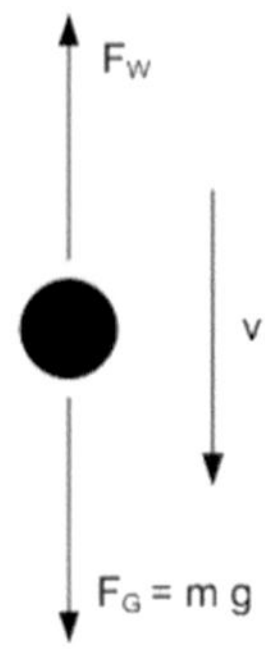

Abb. 2.15: *Kräfte am fallenden Körper [Sc12]*

sprüfstand ermittelt werden kann. Als Ergebnis lässt sich eine mittlere Schwebegeschwindigkeit ermitteln, **Abb. 2.16** [Ba91].

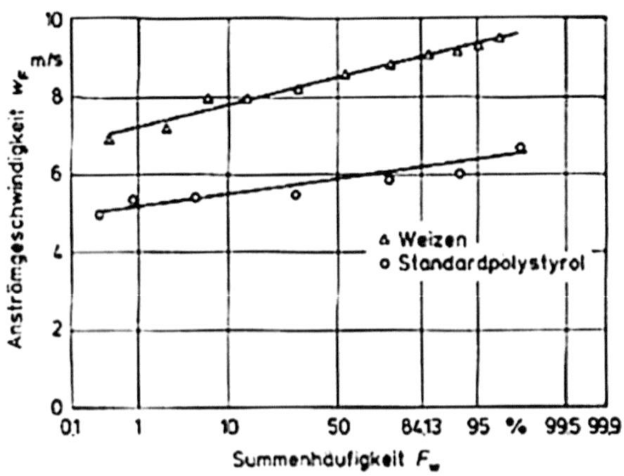

Abb. 2.16: *Schwebegeschwindigkeitsverteilung im Wahrscheinlichkeitsnetz [Ba91]*

2.2.2 Verfahren der Mähdruschernte

Bei der Getreide- (v. a. Weizen, Gerste, Roggen, Hafer), Mais- und Rapsernte wird heute meist die ganze Pflanze aufgenommen. Innerhalb des verfahrenstechnischen Prozesses wird der Weizen von allen anderen Bestandteilen, vor allem Stroh und Spreu, getrennt und im Korntank gebunkert. Man spricht hier auch vom Direktschnittverfahren mit einem Getreideschneidwerk, **Abb. 2.17**. Das Stripperverfahren hat sich nicht durchgesetzt. Hierbei wird mit einem anderen Maschinen-Vorsatz nur die Ähre vom Strohhalm abgetrennt und der Maschine zugeführt. Problematisch ist dies in nicht stehenden Beständen (Lagergetreide). Außerdem werden die hohen Anforderungen an eine gute und gleichmäßige Strohzerkleinerung nicht erfüllt. In Regionen mit einem späten Erntefenster (Nordhalbkugel: September) kommt häufig der Schwaddrusch zum Einsatz, weit verbreitet z. B. in Kanada und Kasachstan. Durch das Schneiden der Pflanze mit einem Schwadleger wird die Vegetation zwanghaft abgebrochen und die Abreife der Ähren erzwungen. Dadurch läßt sich die Ernte besser planen. Das Getreideschwad wird mit einer sogenannten Rake-up aufgenommen und der Maschine zugeführt. Schließlich gibt es auch noch die Variante, die gesamte Pflanze mit einem Feldhäcksler zu häckseln und anschließend zu silieren.

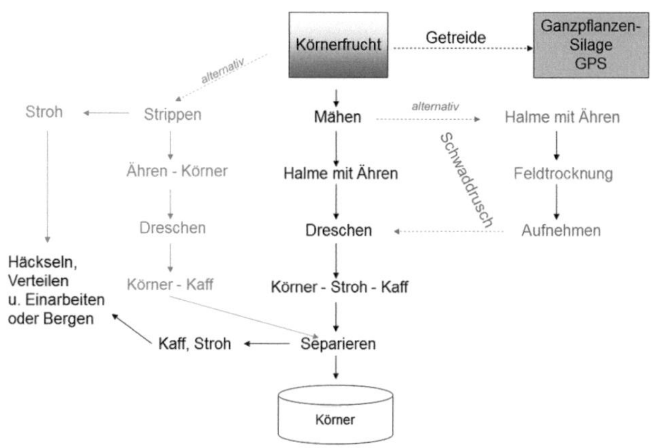

***Abb. 2.17:** Verfahren und Produkte der Getreide-, Mais- und Rapsernte [Ad12]*

Bei der Körnermaisernte unterscheiden sich die Endprodukte im Wesentlichen danach, welche Teile der Pflanze geerntet werden. Meist werden nur die Körner geerntet. Hierbei kommen Maispflückervorsätze zum Einsatz, die die Pflanze erfassen, den Stengel nach unten ziehen, um den Kolben abzustreifen und der Maschine zuzuführen, **Abb. 2.18**. In den letzten Jahren sind Tendenzen zu verzeichnen, auch die Spindeln als Energie- (Ethanol, Verbrennung) oder Rohstoffquelle zu nutzen [Pi12]. Von größerer Bedeutung sind neben den bisher genannten Früchten noch Sojabohnen (z. B. Nord- und Südamerika) und Sonnenblumen (z. B. Osteuropa).

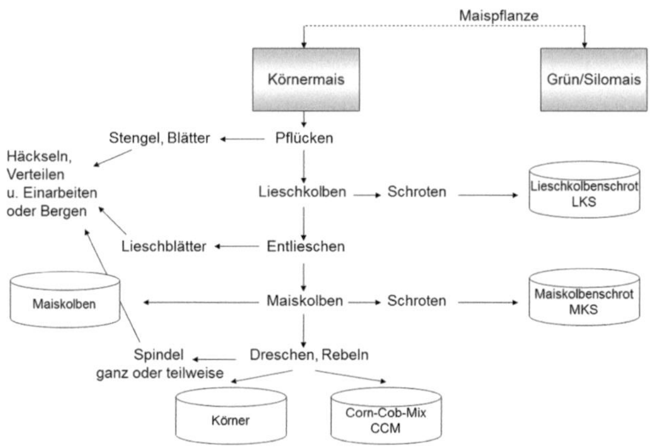

Abb. 2.18: *Verfahren und Produkte der Maisernte [Ad12]*

2.2.3 Technische Gesamtkonzepte und Baugruppen

Gutfluss im Mähdrescher

Beim Mähdrescher unterscheidet man den Querfluss mit einer tangentialen Zuführung, den Quer- und Längsfluss mit einer axialen Zuführung und den Längsfluss mit Zwangseinzug und tangentialer Zuführung, **Abb. 2.19**.

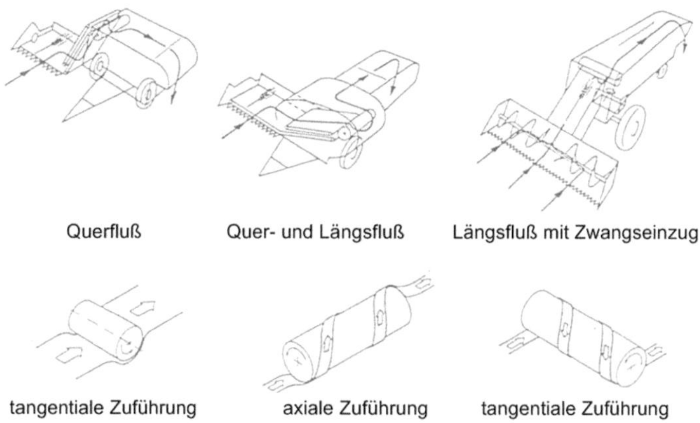

Abb. 2.19: *Gutfluss im Mähdrescher [Ku92]*

Die Pflanze wird vom Vorsatz aufgenommen und über einen Schrägförderer dem Dreschaggregat zugeführt. In **Abb. 2.20** handelt es sich um ein Tangentialdreschwerk. Hier findet die erste Guttrennung statt. Korn, Spreu und Kurzstroh werden über einen Förderboden (oft Vorbereitungsboden) der Reinigungsanlage zugeführt. Das Stroh mit Restkörnern wird zu einer Trennvorrichtung gefördert. Die Restkornabscheidung wird entweder durch Hordenschüttler (wie dargestellt) oder Abscheiderotoren erledigt. Abgeschiedene Körner werden über den Rücklaufboden auf den o. g. Förderboden gefördert. Das Stroh wird im hinteren Teil der Maschine als Schwad auf den Boden fallen gelassen oder einem Ströhhäcksler mit anschließender Verteileinrichtung (nicht dargestellt) zugeführt. In der Reinigungsanlage wird das Korn mechanisch- (sieben) pneumatisch (sichten) von Spreu und Kurzstroh getrennt. Unausgedroschene Ähren und nicht abgeschiedene oder nicht ausgeworfene Kurzstrohteile werden als Überkehr nochmals dem Dreschwerk zugeführt.

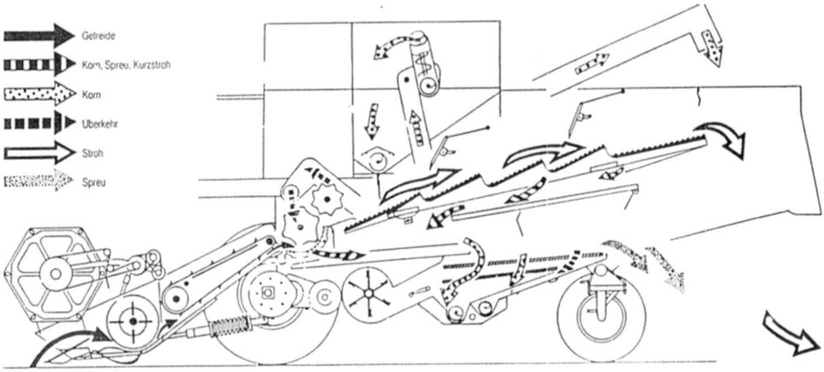

Abb. 2.20: *Gutfluss im Tangential- Schüttler- Mähdrescher [Cl]*

Grundprinzipien für Dresch- und Abscheidesysteme

In **Abbildung 2.21** sind Dresch- und Abscheidesysteme dargestellt, die heute in den meisten Mähdreschern zu finden sind.

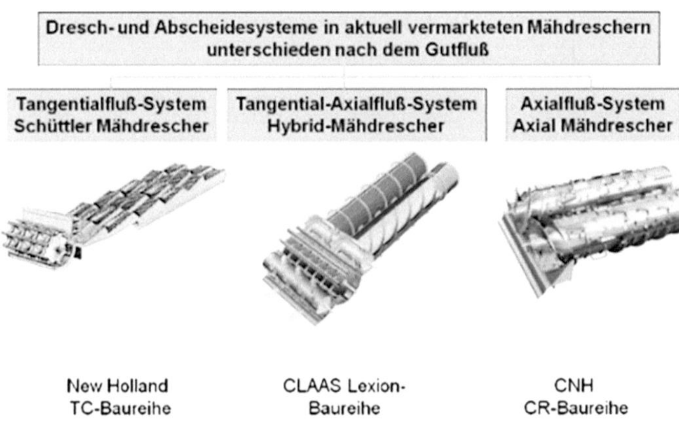

Abb. 2.21: *Grundprinzipien für Dresch- und Abscheidesysteme*

Tangentialsysteme mit Hordenschüttlern zeichnen sich durch eine schonende Strohbehandlung bei tendenziell geringen spezifischen Leistungsbedarfen aus. Nachteilig ist, dass die Leistungsgrenze dieser Maschinen deutlich unter der von Rotormaschinen liegt. Das ist dadurch begründet, dass Rotormaschinen die Fliehkräfte nutzen und dadurch die Abscheidung der Restkörner vom Stroh begünstigt wird. Bei reinen Axialflußmaschinen ist der Rotor in einen Dresch- und Trennbereich aufgeteilt. Bauartbedingt wird in beiden Bereichen mit der gleichen Drehzahl gearbeitet. Bei der Hybridbauweise schließt sich an ein Tangentialdreschwerk ein reiner Trennrotor an. Tangentialsysteme mit Hordenschüttlern hat man durch verschiedene Zusatzelemente in ihrer Durchsatzleistung zu verbessern versucht, **Abb. 2.22**.

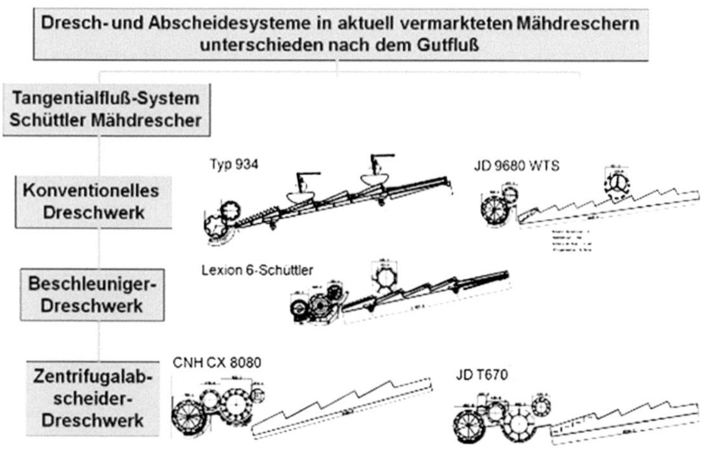

Abb. 2.22: *Tangential- Schüttler- Mähdrescher mit weiterentwickelten Baugruppen zur Erhöhung der Durchsatzleistung, nach [Cl]*

Reinigung

In Mähdreschern werden vornehmlich Plansiebreinigungen eingesetzt, **Abb. 2.23**. Über die Drehzahl des Gebläses kann der Fahrer die Windmenge einstellen und damit den Sichtvorgang (s. o. Schwebegeschwindigkeit) gemäß der Stoffeigenschaften des Erntegutes optimieren. Darüber hinaus lassen sich die Ober- und Untersieblamellenweite einstellen, um für die Absiebung und Kornreinheit ein gutes Ergebnis zu erzielen.

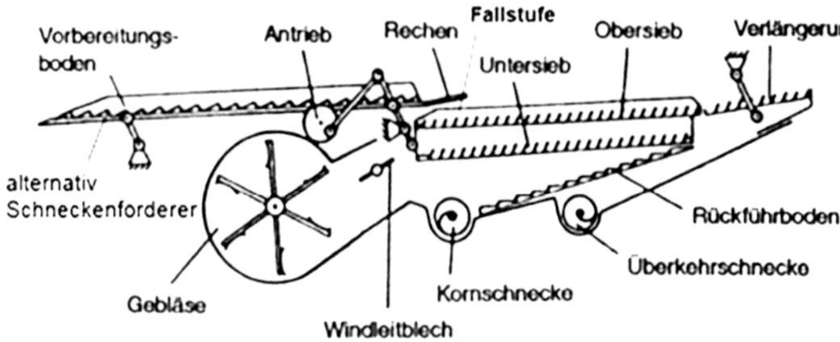

Abb. 2.23: *Baugruppen der MD- Reinigung [Ku92]*

Weitere Baugruppen

Das Korntanksystem lässt sich in ein Korntankbefüll- und in ein Korntankentleersystem untergliedern. Leistungsbestimmende Merkmale sind hierbei die jeweilige Förderleistung und das Bunkervolumen, durch das die Reichweite des Mähdreschers festgelegt wird, bevor ein Abtanken in ein Transportfahrzeug notwendig wird. Dies kann am Feldrand erfolgen oder bei Einsatz eines Überladewagens im Feld bei parallel fortgesetztem Mähdrusch. Das Stroh- und Spreumanagement spielt insbesondere in den Hochertragsregionen eine große Rolle, um die anschließende Bodenbearbeitung und den Aufgang sowie die Gesundheit der Nachfolgefrucht optimal zu beeinflussen. Bei der Strohnutzung wird das Stroh in ein Schwad abgelegt und anschließend mit einer Sammelpresse in Ballen geformt. Häufig wird das Stroh jedoch in einen Strohhäcksler geleitet, dort mit möglichst gleichmäßiger Häcksellänge gehäckselt und anschließend gleichmäßig auf den Boden für eine nachfolgende Einarbeitung verteilt. Eine zentrale Power Unit (Dieselmotor, Nebenaggregate, Pumpenverteilergetriebe, zentraler mechanischer Abtrieb) liefert die notwendige Leistung, die meist mechanisch, hydraulisch und elektrisch (Lichtmaschine) dargestellt wird. Über die Arbeitshydraulik (Konstantstrom und/oder Konstantdruck) werden viele Stellantriebe bedient. Innerhalb weniger Schaltstufen kann das Fahrzeug über einen hydrostatischen Fahrantrieb stufenlos in der Fahrgeschwindigkeit eingestellt werden. Die Schaltstufen können teilweise unter Last geschaltet werden. Da der Maschinenbediener häufig mehr als 10 h an seinem Arbeitsplatz verbringt, ist es besonders wichtig, die hohen Anforderungen in Hinblick auf Sicht in den Mähdreschervorsatz, Sitzkomfort, Klimatisierung, Geräuschkulisse und Beleuchtung zu erfüllen. Der ergonomischen Anordnung aller Bedienelemente kommt hohe Bedeutung zu, **Abb. 2.24**.

Abb. 2.24: *Bedienung über Armlehne und Fahrhebel , John Deere [Ad12]*

Anforderungen an die Mähdrescherentwicklung

Die Anforderungen an die verfahrenstechnischen Prozesse im Mähdrescher sind weltweit sehr unterschiedlich. Während in feuchteren Regionen es eher schwierig ist, einen gleichmäßigen Gutfluß sicherzustellen, den Antriebsleistungsbedarf gering zu halten und eine gute Kornabscheidung zu gewährleisten, liegt der Fokus in trockenen Gebieten eher auf der Erzielung eines geringen Bruchkornanteils, auf eine geringe Kafferzeugung (Spreu und Kurzstroh) und auf eine sanfte Strohbehandlung, **Abb. 2.25** [Ba00].

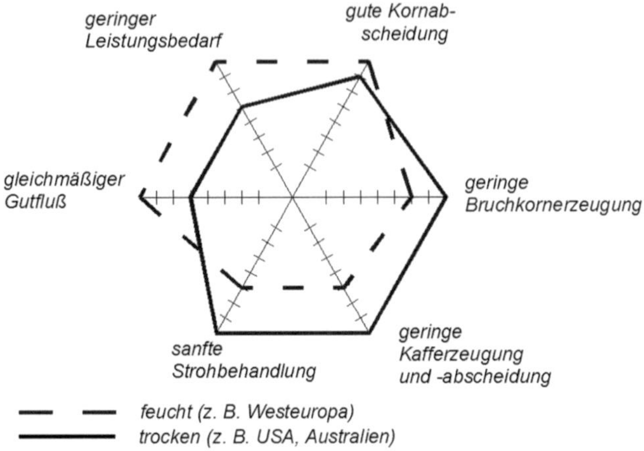

Abb. 2.25: *Anforderungen an die Mähdrescherentwicklung [Ba00]*

2.2.4 Fahrzeug und Prozessmanagement

Regel- und Anzeigemodule am Datenbus

Das Elektronikkonzept moderner Erntemaschinen basiert auf verschiedenen Datenbussystemen, die miteinander kommunizieren. Die Überwachung der Maschine erfolgt über Anzeigeterminals, die Signalverarbeitung geschieht rechnergestützt. Gemäß der Eingaben des Bedieners werden Steuer- und Regelsignale erzeugt.

Automatisierungsfunktionen

Unterschiedliche Realisierungsmöglichkeiten für die Umsetzung einer automatischen Lenkung zeigt **Abb. 2.26**. Die Führung entlang virtueller Leitlinien bietet die vielfältigsten Anwendungsmöglichkeiten und ist deshalb in den letzten Jahren sehr stark vorangetrieben worden. Der GPS Pilot ermöglicht die Teilung des Feldes in Beete bzw. die Lenkung im Contourmodus. Er entlastet den Fahrer nicht nur vom Lenken, sondern er liefert zusätzlich eine hohe Genauigkeit bei der Flächen- und Ertragsmessung.

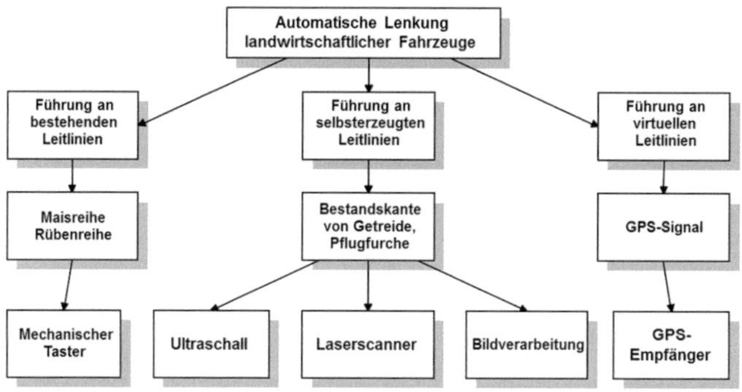

Abb. 2.26: *Automatische Lenkung, Zuordnung von Leitlinien und Sensoren [Ad12]*

Der Vorfahrtregler geht über eine reine Tempomatfunktion weit hinaus. Nach den Eingangssignalen Drehmoment am Einzug, Schichthöhe im Einzugskanal, Fahrgeschwindigkeit, Körnerverluste, Hangneigung, Rotormoment und Motorauslastung kann die Vorfahrtgeschwindigkeit geregelt werden. Die Kornverlustgrenze, eine maximale Schichthöhe und die max. Fahrgeschwindigkeit stellen die Grenzvorgaben durch den Fahrer dar. Viele Fahrer stellen ihren Mähdrescher nicht optimal ein. Während ungeübte Fahrer oft die Standardeinstellungen beibehalten, halten erfahrene Bediener meist an Vertrautem fest. Manche scheuen ungewohnte oder unübliche Einstellungen, sodass die Maschineneinstellungen allgemein zu selten angepasst werden. Dadurch gibt es häufig ein Potential zur Verbesserung der Kornqualität, Reduzierung der Verluste und Erhöhung des Durchsatzes. Fahrertrainings, bei denen wichtiges Wissen über Maschine und Ernteprozess vermittelt werden, finden meist außerhalb der Ernte statt und Experten und Berater kennen oft die Bedingungen vor Ort nicht. Bei dialog-basierten Expertensystemen (Fahrerassistenzsystem) kann der Fahrer als zusätzlicher Sensor und Aktor in die Optimierung einbezogen werden, sodass die Erfahrungen vieler Experten im System gebündelt sind und genutzt werden können. Schließlich helfen automatische Maschineneinstellungen dem Fahrer die optimalen Einstellungen zu finden. Eine vollautomatische Automatisierung benötigt eine Fülle an Sensoren und Aktoren, Teilautomatisierungen sind bereits im Markt [Ke11].

2.2.5 Weitere Entwicklung

Die Entwicklung der letzten Jahrzehnte kann dahingehend beschrieben werden, dass die Leistungsdichte der Mähdrescher stetig zugenommen hat. Dies gilt für die Dresch- und Abscheideleistung, die Reinigungsleistung, die Motorleistung, die Korntankvolumina sowie die Kornbergeleistung, **Abb. 2.27** [He13].

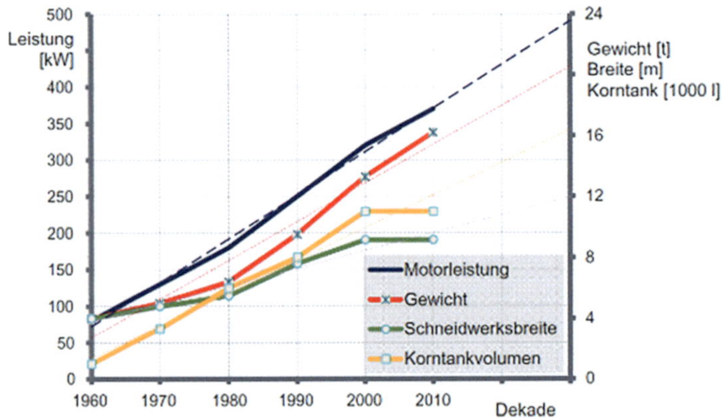

Abb. 2.27: *Extrapolation in die Zukunft, Wachstum von produktivitätssteigernden Parametern bei Mähdreschern [He13]*

Weitere Automatisierungen werden dazu beitragen, die installierte Leistung auch tatsächlich aus den Maschinen herauszuholen [Ke11]. In naher Zukunft wird die Optimierung der Einzelmaschine in den Hintergrund treten, stattdessen wird die Optimierung der Verfahrenskette Körnerernte eine größere Rolle spielen [Ga13]. Hierbei wird es das Ziel sein, die Arbeitsaufgaben aller Maschinen, die an dem Ernteprozess zur gleichen Zeit beteiligt sind, bestmöglich zu koordinieren. Ein weiteres Größenwachstum wird dann allerdings aufgrund der STVZO an Konzeptgrenzen stoßen, sofern es sich weiterhin um eine global einsetzbare Maschine handeln soll.

Veränderte Fahrzeugkonzepte

Als Prototyp wurden bereits einige Maschinen gebaut, bei denen das Konzept einer starren Triebachse und einer gelenkten Hinterachse verlassen wurde. Der knickgelenkte „Tribine“ wurde auf der AG Connect Messe 2013 in den USA vorgestellt, **Abb. 2.28** [WW04].

Abb. 2.28: *Tribine, Knicklenker mit besonders großem Kornbunker [WW04]*

Master Slave Robotizing

Ein nächster Schritt wird durch die Weiterentwicklung der „machine to machine communication“ erreicht werden. Demnach ist nur noch eine vorausfahrende Maschine (Master) mit einem Fahrer besetzt. Diese Maschine steuert alle nachfolgenden Maschinen, die auch autonom fahren können **Abb. 2.29**.

Abb. 2.29: *Comming Up: Master Slave Robotizing, Prinzipdarstellung, tatsächlich wurden alle Maschinen auf diesem Foto durch einzelne Bediener gefahren [Cl]*

Autonome Fahrzeuge

Ein noch deutlich größerer Schritt könnte in völlig autonom agierenden Fahrzeugen liegen **Abb. 2.30**. Dann ergäbe sich eine Umkehrung der bisherigen Entwicklung. Nicht immer wenige große Maschinen würden die Ernte einbringen, sondern ein Schwarm von kleinen Maschinen könnte die Erntearbeit erledigen [He13].

Abb. 2.30: *Comming Up: Autonome Fahrzeuge [He13]*

3 Radlader

Autor: Dr.-Ing. H. Pfab, Fa. Liebherr-Werk Bischofshofen

Im Bereich der Baumaschinen wurde der Radlager als typischer Vertreter zur detallierten Darstellung gewählt. Neben Baggern werden weltweit bei diesen Maschinen die größte Anzahl von Baumaschinen produziert.

3.1 Bauarten von Erdbaumaschinen

Zu den Baumaschinen zählt eine große Vielfalt von mobilen wie auch stationären Maschinen. Darunter befinden sich neben den klassischen Erdbaumaschinen, Geräte für den Spezialtiefbau und den Straßenbau, Maschinen für den Tunnel- und Untertagebetrieb, Transportfahrzeuge für den Betrieb auf Straßen oder Gleisen, verfahrenstechnische Maschinen für die Betonherstellung und Materialaufbereitung sowie Hebezeuge und Fördereinrichtungen für den Hochbau. Zu den Grundtypen der Erdbaumaschinen gehören nach ISO 6165 Baggerlader, Muldenfahrzeuge, Bagger, Grader, Müllverdichter, Lader (Radlader, Laderaupe), Rohrleger, Walzen, Scraper, Planiermaschinen und Grabenfräsen. Neben der anwendungsorientierten und der bauartbezogenen Gliederung der Baumaschinen, lassen sich die Erdbewegungsmaschinen auch nach deren Hauptfunktion einteilen. Solche Funktionen sind das Graben, Lösen, Transportieren, Verteilen, Einbauen und Verdichten von Erde und anderen Materialien. Radlader werden in diversen Verwenderbereichen eingesetzt. Ein großer Anteil der Maschinen wird an Hoch- und Tiefbaubetriebe verkauft. Einsätze in Industrie- und Recyclingbetriebe und die Abfallwirtschaft haben zunehmende Bedeutung. Kleine Radlader sind auch in der Landwirtschaft und im Garten- und Landschaftsbau zu finden, die großen Maschinen ab ca. 30 Tonnen

Einsatzgewicht finden wir in Gewinnungsbetrieben für Rohstoffe (Steinbrucheinsatz). Weltweit (ohne China) wurden in 2012 ca. 80.000 Radlader neu in Betrieb genommen und davon 25 % in West-Europa. Deutschland ist ein ausgesprochener Radladermarkt mit ca. 10.000 Einheiten in 2012.

3.2 Konzeption des Radladers

Bauarten von Ladern sind Radlader, Laderaupen, Kompaktlader und antriebsgelenkte Lader (engl. Skid Steer). Als Getriebe für den Fahrantrieb wird die Hydrostatik im geschlossenen Kreis oder ein lastschaltbares Stufengetriebe mit Drehmomentwandler eingesetzt. Vereinzelt wird bei sehr großen Maschinen auch der dieselelektrische Antrieb genutzt. Die Arbeitsausrüstung wird hydrostatisch im offenen Kreis angetrieben. Das wichtigste Klassifizierungsmerkmal eines Radladers ist dessen Kipplast. Die Kipplast bestimmt die Schaufelgröße und damit die mögliche Nutzlast. Gelegentlich wird die Motorleistung, das Einsatzgewicht oder die Größe der Standardschaufel zur Zuordnung der Maschinengröße verwendet. Kompaktlader weisen ein Einsatzgewicht von bis zu 5 t auf. Radlader in der Gewinnung sind bis zu 240 t schwer. Das klassische Arbeitswerkzeug ist die Ladeschaufel. Bei kleinen Ladern kann das Werkzeug mittels hydraulisch betriebener Schnellwechseleinrichtung komfortabel getauscht werden. Damit kann die Maschine sehr flexibel mit einsatzspezifischer Ausrüstung benützt werden. Sehr häufig ist der Einsatz des Gabelträgers inkl. Gabelzinken (analog Gabelstapler).

Motoreinbau

Bedingt durch den frontseitigen Anbau des Hubgerüstes, wird der Antriebsmotor im Heck des Fahrzeugs eingebaut, **Abb. 3.1**. Kleine, hydrostatisch angetriebene Fahrzeuge erlauben einen Motor-Quereinbau. Die damit verbundenen Vorteile sind die Schwerpunktlage, die Wartungsfreundlichkeit und das kurze und übersichtliche Fahrzeugheck. In Maschinen mit lastschaltbaren Stufengetrieben muss der Dieselmotor längs zu Fahrtrichtung montiert werden. Der Dieselmotor wird mit dem Getriebe verblockt oder mittels Gelenkwelle verbunden.

Abb. 3.1: *Gesamtansicht zur Konzeption des Radladers*

Kinematik des Hubgerüsts

Die Schaufel wird über eine am Vorderwagen drehbar gelagerte Schwinge (Schaufelarm) angehoben. Die Schwinge wird mit zwei Hydraulikzylindern betätigt (Hubbewegung). Zum Laden und Entladen von Material muss die Schaufel um dessen Lagerpunkt an der Schwinge drehbar sein. Diese Drehbewegung (Kippen) wird durch einen oder zwei Hydraulikzylinder (Kippzylinder) getätigt, wobei der Hub dieser Zylinder über ein Koppelgetriebe auf die Schaufel übertragen wird. Das Übertagungsverhalten dieses Koppelgetriebes beeinflusst stark die kinematischen Eigenschaften des Hubgerüstes. Das Koppelgetriebe wird entweder parallelführend ausgelegt (sogenannte P-Kinematik, Schaufel dreht sich nicht über dem Hubvorgang) oder so definiert, dass sich die Schaufel über dem Hub dreht und damit den Lade- und Entladevorgang unterstützt (sogenannte Z-Kinematik), **Abb. 3.2**.

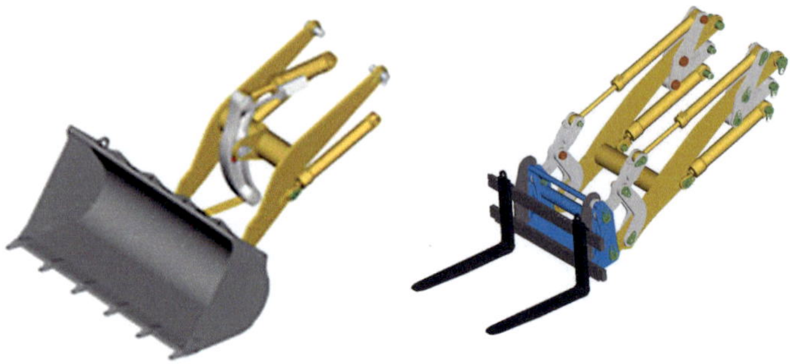

Abb. 3.2: *Z-Kinematik (links) und P-Kinematik*

Lenkungsart

Radlader ab einem Einsatzgewicht von ca. 10 t werden mit einer Knicklenkung ausgestattet. Der Fahrzeugrahmen besteht aus zwei Teilen (Vorderwagen, Hinterwagen), die in Fahrzeugmitte drehbar miteinander verbunden sind. Beide Rahmenteile werden durch einen oder zwei Hydraulikzylinder (Lenkzylinder) um die Hochachse gedreht. Vorder- und Hinterachse sind als robuste Starrachse ausgeführt. Das mittige Knickgelenk ermöglicht ein „Spur in Spur"-Fahren der Räder beider Achsen auch bei Kurvenfahrt. Die Antriebsdrehzahl an der Vorder- und Hinterachse sind gleich. Es ist keine Allradkupplung oder ein Zwischenachsdifferenzial erforderlich. Übliche Knickwinkel betragen 40° in beide Richtungen und erlauben eine hohe Wendigkeit. Beim Lenken im Stand wird auch die Schaufel zur Seite bewegt und so kann Material verteilt oder die Ausrüstung positioniert werden. Ein Nachteil der Knicklenkung ist die seitliche Kippsicherheit im eingelenkten Zustand, da sich die von den vier Rädern aufgespannte Aufstandsfläche beim Lenken zu einem schmalen Trapez verändert. Bei kleinen Radladern wird auch die Achsschenkellenkung angeboten. Dabei sind die Räder beider Achsen lenkbar. Der Fahrzeugrahmen ist einteilig. Die Ausrüstung ragt beim Lenken über den Wendekreis hinaus.

Achsenpendlung

Ein Radlader hat keine Aufbaufederung. Zur Anpassung aller vier Räder an die Fahrbahn ist daher ein Pendelausgleich erforderlich, bei der eine Achse frei drehbar (ca. 12° in beide Richtungen bis zum Pendelanschlag) um die Fahrzeuglängsachse gelagert ist. Konstruktiv kann dieser Freiheitsgrad um die Längsachse an der Hinterachse (Achspendelung) oder im Knickgelenk (Rahmenpendelung) untergebracht werden. Die Ausführung der Pendelung hat Einfluss auf den Fahrkomfort, da diese die seitliche Bewegung der Kabine bestimmt.

Funktionsgruppenstruktur und Hauptanforderung

In **Tab. 3.1** sind alle Funktionsgruppen des Radladers und deren Untergruppen gelistet. Die wichtigsten Baugruppen werden in den folgenden Kapiteln beschrieben. Die Hauptanforderungen können **Tab. 3.2** entnommen werden. **Abb. 3.3** zeigt die installierte Motorleistung über dem Einsatzgewicht und die Kipplast knickgelenkter Maschinen ebenso über dem Einsatzgewicht für im Markt befindliche Radlader.

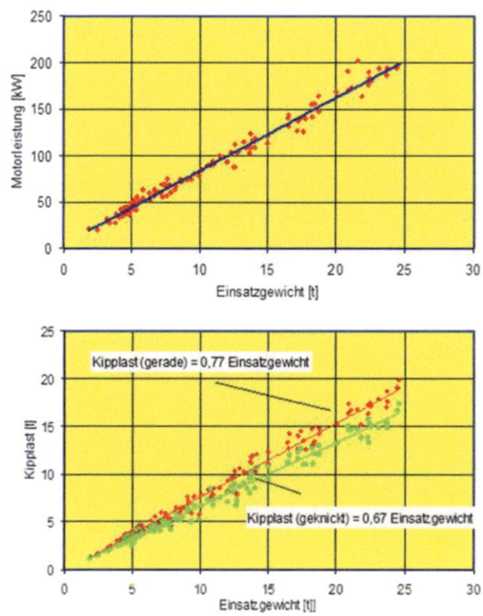

Abb. 3.3: *Motordaten und Kipplasten von Radladern*

Tab. 3.1: Funktionsgruppenstruktur des Radladers

Nr.	Funktionsgruppe	Untergruppen
1	Antriebsmotor, Pumpenverteiler-getriebe	Dieselmotor, Kraftstoffanlage, Luftfilteranlage, Abgasanlage, Kupplung, Pumpenverteilergetriebe
2	Kühlanlage	Lüfterantrieb, Ölkühler, Wasserkühler, Ladeluftkühler
3a	Hydrostatischer Fahrantrieb	Verstellpumpe, Verstellmotor, Incheinrichtung
3b	Hydrodynamischer Antrieb	Drehmomentenwandler
4	Arbeitshydraulik	Hydraulikpumpe, Steuerschieber, Vorsteuerung, Schwingungsdämpfung, Hub- und Kippzylinder, Hydrauliktank
5	Lenkanlage	Lenkpumpe, Servostat, Lenkzylinder, Notlenkung
6	Bremsanlage	Betriebsbremse, Feststellbremse
7	Elektrische Anlage	Elektrische Anlage, zentrale Elektronik-Einheiten, Generator, Starter, Batterie
8	Lastschalt- und Achsverteiler-getriebe	Getriebe, Elektronisches Steuerungssystem, Hydrauliksystem
9	Achsen	Vorderachse, Hinterachse, Gelenkwellen, Räder
10	Fahrzeugrahmen, Ballastgewicht	Vorderwagen, Hinterwagen, Knick-lagerung, Pendelbrücke, Ballastgewicht
11	Zentralschmierung	Manuelle Zentralschmierung, autom. Zentralschmieranlage
12	Verkleidung, Aufstieg	Verkleidung, Aufstieg
13	Kabine, Heizung, Klimaanlage	Armatureneinbau, Kabinenheizung, Lüftung, Klimaanlage, Scheibenwisch-Waschanlage, Fahrersitz, Gaspedal, Fahrerkabinen-Einbauten, Kabinen-struktur, Kabinenlagerung
14	Hubgerüst, Schnell-wechseleinrichtung	Hubgerüst, Schnellwechseleinrichtung
15	Ausrüstung, Anbauteile	Ladeschaufel, sonstige Schaufeln, Gabelträger, sonstige Ausrüstung

Tab. 3.2: Hauptanforderungen des Radladers

Merkmal	Anforderung	Bemerkung
Zugkraft	ca. 85 – 120 % des Einsatzgewichtes	Wandlerantriebe mit Leitrad an der oberen Grenze, keine Zugkrafteinbrüche im Hauptgeschwindigkeitsbereich von 0-18 km/h
max. Fahrgeschwindigkeit	20-40 km/h je nach Größe und Einsatz	Maschinen bis ca. 5t 20 km/h, darüber 40 km/h, schwere Maschinen ohne Möglichkeit der Straßenzulassung 20-30 km/h
Hauptabmessungen	gerätespezifische Anforderungen in Höhe und Breite	geringe Maschinenhöhe bei kleinen Ladern, Breite der Maschinengröße angepasst, max. 3 m bei Straßenzulassung
Arbeitstaktzeit bei Nennlast	10-12 s	Heben, Auskippen und Senken
überschüttbare Höhe	je nach Maschinengröße	vgl. auch Schütthöhe
Reichweite	500-2500 mm je nach Maschinengröße	bei max. Hubhöhe und 45° Auskippwinkel
Schürftiefe	mind. 50 mm	abhängig von Reifengröße
Hubkraft	je nach Maschinengröße	Nach ISO 8313, max. Hubkraft in unterster Stellung ist der Zugkraft anzupassen, kein Einschieben der Hubzylinder
Ausbrechkraft	je nach Maschinengröße	nach ISO 8313, durch Einkippen muss die Hinterachse vollständig entlastet werden können

3.3 Dieselmotor

Radlader werden heute ausnahmslos von Dieselmotoren angetrieben. Baumaschinen sind oft nur bedingt beweglich und müssen daher auf der Baustelle oder beim Kunden (Steinbruch) gewartet oder repariert werden können. Daher muss der Motor besonders robust ausgeführt und leicht zu warten oder zu reparieren sein. Die Auslegungslebensdauer liegt bei 10.000 bis 20.000 Betriebsstunden. Da Baumaschinen oft im 2-Schicht oder 3-Schicht-Betrieb eingesetzt werden, sind die Betriebskosten und daher der Kraftstoffverbrauch von großem Einfluß auf die Gesamtkosten. Gleiche Motoren werden in unterschiedlichsten Baumaschinen mit spezifischen Einbauerfordernissen eingesetzt. Das Motorkonzept muss also viele Varianten und Nebenabtriebsmöglichkeiten erlauben. Der Einsatz erfordert Schräglagen bis zu 45° (z. B. Planierraupe) und der Motorregler muss auf die unterschiedlichen Anforderungen der Lastdynamik adaptiert werden (Bedatung der Motorsoftware). Die Abgasqualität muss in Europa den Vorgaben der Richtlinie 2004/26/EG entsprechen. Die Schadstoffanteile sind auf ähnlichem Niveau wie bei Straßenfahrzeugen und erfordern in der Regel eine Abgasnachbehandlung in Form eines Partikelfilters bzw. eines SCR-Katalysators. Einsatzgebiete sind auch in sehr kalten Regionen oder in großer Meereshöhe, sodass der Kaltstartfähigkeit und der Leistungsreduktion besonderer Augenmerk geschenkt werden muss.

Leistungsgruppen

Die Lebensdauer eines Dieselmotors ist stark abhängig von der mittleren Auslastung. Bei hoher Auslastung, z. B. in einer Planierraupe oder einem Großbagger, muss die maximale Leistung des Motors eingeschränkt werden. Je nach typischer Auslastung werden daher Baumaschinen den Leistungsgruppen 1 bis 5 zugeordnet. Kann z. B. ein Motor im Kranfahrzeug (Leistungsgruppe 1) mit maximal 500 kW betrieben werden, so muss dieser Motor im schweren Hydraulikbagger (Leistungsgruppe 5) auf maximal 400 kW begrenzt werden (also minus 20 %). Der Radlader ist der Leistungsgruppe 3 zugeordnet. Wie bei Pkw oder Nutzfahrzeugen hat sich auch die Technologie der Einspritzung bei Baumaschinenmotoren ein Wandel von mechanisch angetriebenen und gesteuerten Reihen- oder Verteilereinspritzpumpen auf elektronisch geregelte Common-Rail Systeme vollzogen. Nur so können die genannten Anforderungen erfüllt werden. Gleichzeitig ist der Entwicklungs- und Herstellkostenaufwand enorm gestiegen. Die Motorelektronik ist in ein LAN mit CAN-Protokoll eingebunden. Das Netzwerk verbindet alle elektronischen Steuergeräte sowie die Bedienungs- und Anzeigeinstrumente. Eine Rückfahrkamera und ein Funkmodul zur Übertragung von Betriebsdaten auf einen zentralen Server gehören heute zum Serienumfang von großen Radladern.

3.4 Fahrantrieb

Der Radlader weist zwei wesentliche Energiepfade in der Maschine auf. Je nach Einsatz wird ca. 50 % der vom Dieselmotor abgegebenen Energie für den Radantrieb aufgebracht. Der Antrieb der Arbeitsausrüstung fordert ca. 30 % der Kurbelwellenenergie. Der verbleibende Anteil geht für die Lenkung und Nebenverbraucher auf. Der Arbeitszyklus eines Radladers ist durch häufiges Reversieren und ständiges Verzögern oder Beschleunigen der Fahrgeschwindigkeit gekennzeichnet. Diese Gegebenheit ist bei der Bewertung und Wahl des Antriebsstranges zu berücksichtigen.

Hydrostatischer Fahrantrieb

Im Leistungsfluss eines hydrostatischen Getriebes befinden sich neben den Hydraulikleitungen nur eine Pumpe und ein Hydraulikmotor. Im vorliegenden Beispiel (**Abb. 3.4**) werden eine Axialkolbenpumpe in Schrägscheibenbauweise und ein Axialkolbenmotor in Schrägachsenbauweise eingesetzt. Das Fördervolumen der Pumpe ist durch den einstellbaren Schwenkwinkel stufenlos veränderlich. Auch der Achswinkel des Ölmotors kann stufenlos verstellt werden. Damit ist das Schluckvolumen des Motors variabel. Wird der Schwenkwinkel der Pumpe aus der Nulllage in die andere Richtung verstellt, so wird die Förderrichtung an den Anschlüssen vertauscht und der Ölmotor ändert die Drehrichtung an der Abtriebswelle. Der geschlossene Kreis mit Pumpe und Motor stellt also ein stufenlos verstellbares Getriebe mit integrierter Drehrichtungsumkehr dar. Oft wird zwischen Ölmotor und Achseingang ein lastschaltbares Zahnrad-Stufengetriebe eingesetzt. Damit erweitert sich der Arbeitsbereich im Zugkraftdiagramm. Der Antrieb bleibt im gesamten Geschwindigkeitsbereich stufenlos.

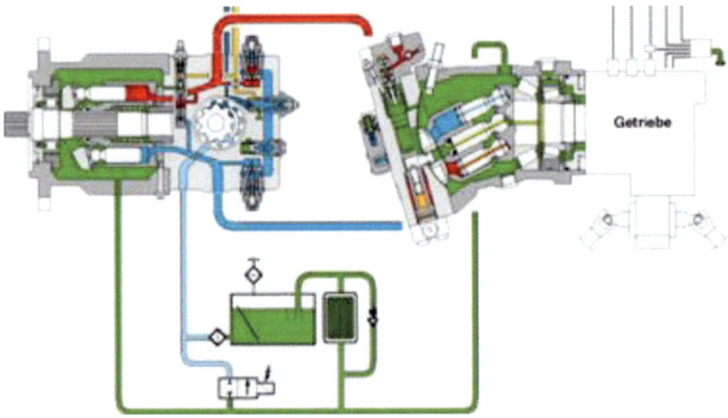

***Abb. 3.4:** Hydrostatischer Antrieb im geschlossenen Kreis*

Abbildung 3.5 zeigt die Antriebsstruktur eines kleinen Radladers. Der Achseingang wird durch ein einstufiges, nicht schaltbares Zahnradgetriebe angetrieben. Ölmotor und Zahnradgetriebe sind mit der Hinterachse verblockt. Dieser Antrieb wird für bis zu 30 km/h Endgeschwindigkeit ausgelegt.

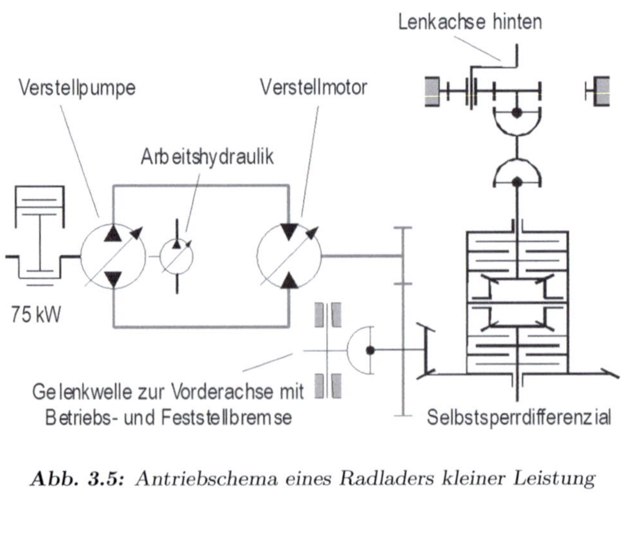

***Abb. 3.5:** Antriebschema eines Radladers kleiner Leistung*

Der hydrostatische Fahrantrieb eines großen Radladers ist in **Abb. 3.6** dargestellt. Die Spreizung wird zum einen durch einen zweiten Ölmotor und zum anderen durch ein schaltbares Getriebe erhöht. Im ersten Fahrbereich bis ca. 7,5 km/h sind beide Ölmotoren über die Kupplungen K1 und K2 mit dem Abtrieb verbunden. Die Geschwindigkeit wird durch kontinuierliche Verkleinerung des Achswinkels der Motoren erhöht. Im zweiten Fahrbereich ist nur Motor 2 im Leistungsfluss (bis ca. 17 km/h). Im dritten Fahrbereich bis 40 km/h wird Motor 1 mit Kupplung 3 und damit veränderter Übersetzung genutzt. Im ersten Abschnitt von Fahrbereich 1 und 3 wird die Geschwindigkeit durch Ausschwenken der Pumpe erhöht (bei konstantem Motorwinkel).

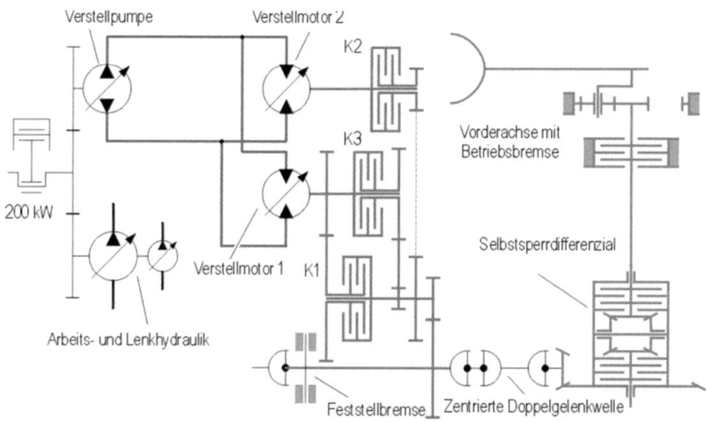

Abb. 3.6: *Hydrostatischer Fahrantrieb eines großen Radladers*

Steuerung von Verstellpumpe und -motor

Die Winkel an Pumpe und Motor werden automatisch eingestellt. Der Fahrer gibt mit dem Gaspedal eine Drehzahlvorgabe. Bei steigender Dieseldrehzahl wird die Pumpe zunehmend ausgeschwenkt und in weiterer Folge der Ölmotor zurückgeschwenkt. Ein hoher Betriebsdruck wirkt durch eine hydraulisch-mechanische Rückführung in der Pumpe der Ausschwenkkraft entgegen und führt, z. B. bei Steigfahrt zur automatischen Geschwindigkeitsanpassung und maximalen Auslastung des Dieselmotors. Durch Betätigen des linken Pedals (Inch-Bremspedal) kann der Fahrer die von der Pumpe aufgenommene Leistung stufenlos zurücknehmen und so die Dieselleistung auf die Arbeitshydraulik verlagern. Ventile in der Pumpe schützen den Fahrantrieb vor Überlastung. Dabei begrenzt die Druckabschneidung verlustfrei den maximalen Betriebsdruck. Hochdruckventile schützen den Kreis bei stoßartiger Überlastung. Am Ölmotor wird niederdruckseitig eine definierte Ölmenge zur Abführung der Wärme abgezweigt. Das gekühlte Öl wird an der Pumpe dem Kreis wieder zugeführt, sodass auch niederdruckseitig immer eine Ölvorspannung (ca. 30 bar) besteht. **Abb. 3.7** zeigt das Hydraulikschema des hydrostatischen Fahrantriebs einschließlich der Steuerungsventile.

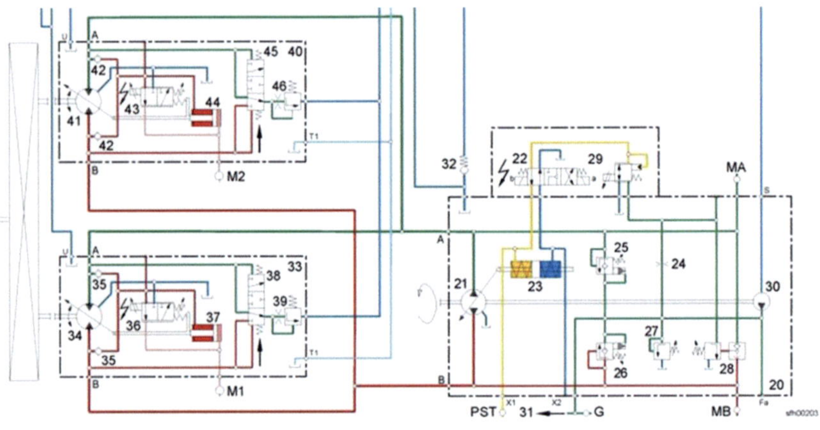

Abb. 3.7: *Hydraulikschema des Fahrantriebs nach Abb. 3.6*

Lastschaltgetriebe und Drehmomentwandler

Bei großen Maschinen dominiert im Markt das Lastschaltgetriebe. **Abbildung 3.8** zeigt das Schema eines solchen Fahrantriebes. Das Getriebe weist im vorliegenden Falle 6 Gänge in 2 Gruppen vorwärts und 3 Gänge in einer Gruppe rückwärts auf. Die Gänge werden durch nasse Lamellenkupplungen geschaltet. Die Ansteuerung ist elektrohydraulisch und automatisiert. Die Gänge können unter voller Motorlast gewechselt werden, wobei der zwischen Motor und Getriebe angeordnete hydrodynamische Drehmomentenwandler die Drehzahlsprünge abfedert und vorübergehend auch die Übertragung hoher Zugkraft bei stehenden Rädern erlaubt. Der

Drehmomentenwandler überträgt die Kraft von Pumpenrad auf das Turbinenrad durch die kinetische Energie des Fluids. Dabei entsteht auch im stationären Betrieb ein Verlust durch Schlupf und hydraulischer Reibung. Moderne Getriebe sind daher mit einer Überbrückungskupplung im Wandler ausgestattet. Damit wird bei höheren Geschwindigkeiten Pumpe und Turbine drehfest verbunden und der Schlupfverlust vermieden.

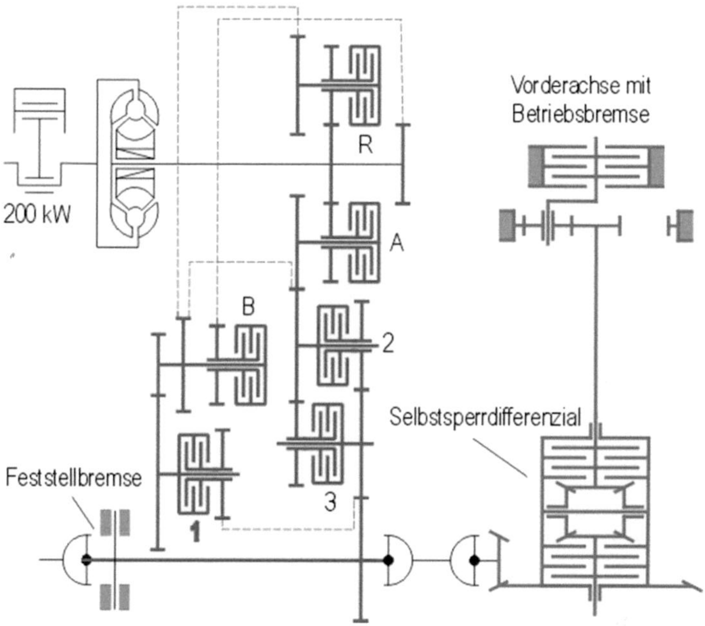

Abb. 3.8: *Fahrantrieb mit Lastschaltgetriebe*

Achsen

Abbildung 3.8 beinhaltet auch das Antriebsschema einer typischen Baumaschinenachse. Das Antriebsritzel treibt ein Tellerrad mit Differenzialgehäuse an. Dieses beinhaltet eine Sperre, die selbsttätig wirkt (automatisches Selbstsperrdifferenzial) oder hydraulisch betätigt (unter Last schaltbare 100 % - Sperre) wird. Die Abtriebe sind mit einer nassen Lamellenbremse und einem einstufigen Planetengetriebe ausgerüstet.

Leistungsverzweigungsgetriebe

Bei Traktoren haben mittlerweile hydraulisch-mechanische Leistungsverzweigungsgetriebe die bisher gängigen vielstufigen und lastschaltbaren Zahnradgetriebe verdrängt. Dieses Getriebekonzept wird mittlerweile auch bei Radladern vereinzelt eingesetzt und kann bei geeigneter Ausführung die hydrostatischen Antriebe energetisch übertreffen und dennoch die Vorzüge der Stufenlosigkeit halten. Näheres hierzu kann in Teil I entnommen werden.

3.5 Arbeitshydraulik

Die Arbeitshydraulik des Radladers betätigt Hub- und Kippzylinder und optionale hydraulisch betriebene Ausrüstung. Standard ist ein Hydrauliksystem im offenen Kreis bestehend aus Hydraulikpumpe, Steuerblock, hydraulische oder elektrohydraulische Vorsteuerung, Hydraulikzylinder sowie Hydrauliktank mit Sieb und Filter. Bei größeren Maschinen setzt man aus Gründen der Steuerbarkeit und Wirtschaftlichkeit auf mengenbedarfsgesteuerte Verstellpumpen. Das Schema für die Arbeitshydraulik ist in **Abb. 3.9** dargestellt. Darin ist oben links der hydraulische Fahrschwingungsdämpfer enthalten. Zur Dämpfung der Hub- und Nickschwingungen wird bei Straßenfahrt die Bodenseite der Hubzylinder mit Hydraulikspeichern verbunden. Durch dieses hydropneumatische Feder/Dämpfersystem kann die Fahrstabilität des ungefederten Fahrwerks deutlich verbessert werden. Einzelheiten der offenen hydraulischen Kreise, deren Steuerung sowie den Aufbau und die Funktion der Komponenten sind in einem separaten Abschnitt zur Arbeitshydraulik beschrieben. Die Maschine beinhaltet weitere, unabhängige hydraulische Kreise zum Betrieb der Lenkung, der Betriebs- und Feststellbremse, dem Antrieb des hydraulisch betriebenen Lüfters und zur Versorgung von Schmier- und Steuerkreisen.

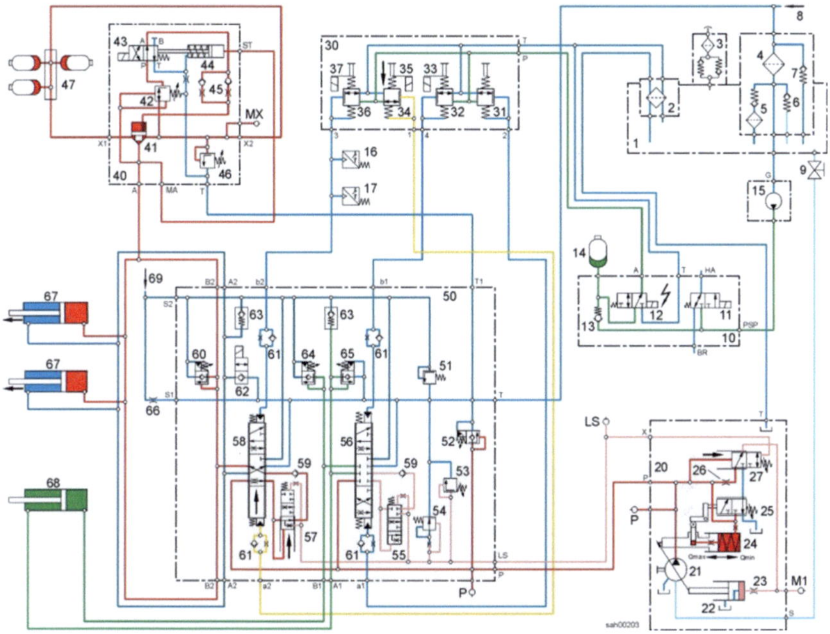

Abb. 3.9: *Schema der Arbeitshydraulik*

3.6 Stahlbau und Arbeitswerkzeuge

Hubgerüst und Fahrzeugrahmen übertragen die im Betrieb auftretenden, statischen und dynamischen Lasten. Diese Rahmen werden als verwindungssteife Schweißkonstruktionen ausgeführt, wobei an Stellen mit hoher Spannungskonzentration auch Stahlgussteile eingesetzt werden. Es kommen Blechstärken von ca. 8 bis 100 mm zur Anwendung. Die Stahlbaugruppen werden im fertiggeschweißten Zustand auf Fräs- und Bohrwerken bearbeitet. Zur Dimensionierung werden die tatsächlichen Spannungen mittels DMS-Messtechnik aufgezeichnet und einer Betriebsfestigkeitsrechnung zugeführt. Ein Tragfähigkeitsnachweis wird durch FEM-Rechnung erbracht. Im Schaufelbau werden oft verschleißfeste Stähle mit 400 oder 500 HB Härte eingesetzt. Zur Verbesserung des Eindring- und Löseverhaltens sind die Schaufeln mit einem Zahnsystem ausgestattet. Ein eingeschweißter oder aufgeschraubter Zahnhalter trägt den verschleißbehafteten und daher austauschbaren Zahn, **Abb. 3.10**.

Abb. 3.10: *Darstellung einer bezahnten Ladeschaufel*

4 Straßenwinterdienstfahrzeuge

Autoren: H. Lüüs, P. Winkelhahn, Fa. Bucher Hydraulics

4.1 Einleitung Straßenwinterdienst

Aufgabe des Winterdienstes ist die Aufrechterhaltung der Verkehrssicherheit und ausreichender Verkehrskapazitäten bei winterlichen Straßenverhältnissen [Wa04]. Abgeleitet wird diese Aufgabe aus der Verkehrssicherungspflicht nach § 823 BGB, dem Bundesfernstraßengesetz sowie den Straßengesetzen der Länder. Sie dient der Verhinderung und Beseitigung von Gefahren, die vom öffentlichen Straßenverkehr ausgehen, z. B. Glätte (vgl. **Abb. 4.1**), und obliegt dem Grundstückseigentümer, bei öffentlichen Straßen dem Baulastträger.

In Deutschland gilt es, ein überörtliches Straßennetz von ca. 231.000 km zu verwalten. Hinzu kommen Gemeindestraßen mit einer Gesamtlänge von ca. 414.000 km. Umgerechnet auf eine Fläche entspricht dies ca. 357.000 km^2. Um einen ersten Räum- und Streudurchgang innerhalb von zwei Stunden durchführen zu können, sind enorme technische Kapazitäten erforderlich. Beispielsweise kommen für das Bundesland Hessen (Straßennetzlänge ca. 16.600 km) 230 verwaltungseigene bzw. 150 angemietete LKW mit 500 Schneepflügen bzw. 120 zusätzlichen Streugeräten zum Einsatz [Wa04].

Im Jahr 2012 konnten die marktbestimmenden Hersteller im Bereich Winterdienst (Aebi Schmidt, Epoke, Giletta Gmeiner, Küpper-Weiser, Rasco) ca. 4.700 Salzstreueraufbauten für Geräteträger europaweit absetzen. Außerhalb Europas wurden im selben Zeitraum ca. 4.000 Salzstreueraufbauten durch diese Firmen vertrieben. Die absatzstärksten Länder innerhalb Europas waren dabei Deutschland (28 %), Frankreich (11 %) und Großbritannien (9 %).

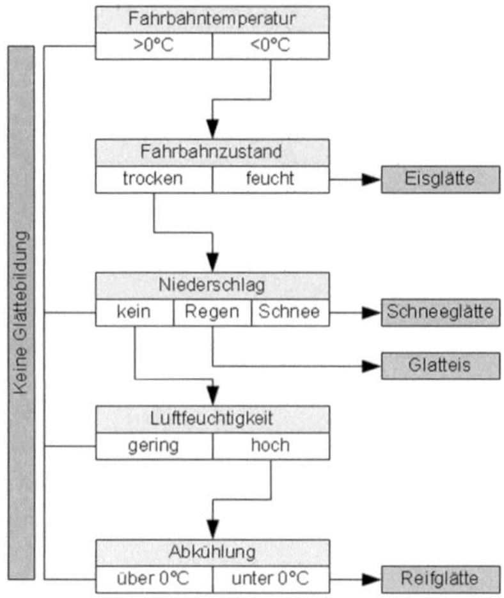

Abb. 4.1: *Formen der Winterglätte und deren Entstehung [Wa04]*

Eine Auflistung von Herstellern diverser Winterdienstgeräte ist nachfolgend aufgeführt:

- Acometis (FR)
- Aebi Schmidt (DE)
- Arvel Industries (FR)
- Cuthbertson (GB)
- Econ (GB)
- Epoke (DE)
- Fiedler (DE)
- Giletta (IT)
- Gmeiner (DE)
- Kahlbacher (AT)
- KIF (DE)
- Kugelmann (DE)
- Küpper Weisser (DE)
- Mecagil-Lebon (FR)
- Rasco (HR)
- Romaquip (GB)
- Sicometal (FR)
- Springer (AT)

4.2 Aufbau eines Räumfahrzeugs

Die Aufgaben des Winterdienstes gliedern sich in die Bereiche Schneeräumung und Glättebekämpfung. Hierzu werden vorwiegend Schneepflüge und Streugeräte verwendet. Wird eine Schwarzräumung[1] der Verkehrsfläche gefordert, kommen Schneeschleudern, Schneefräsen und Frässchleudern zum Einsatz. In **Abbildung 4.2** ist ein typisches Räumfahrzeug mit den Elementen Schneepflug und Streuaggregat dargestellt.

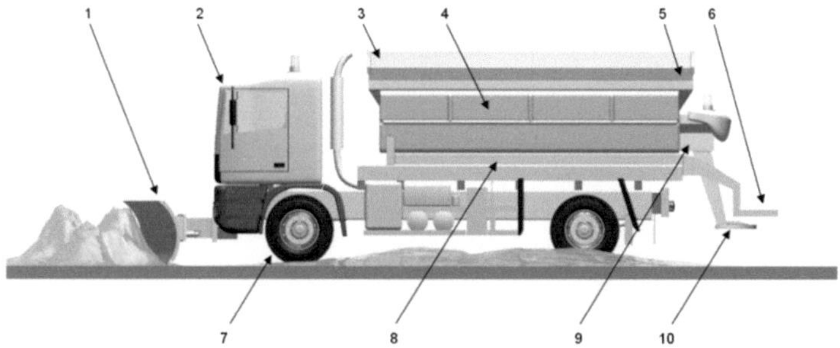

***Abb. 4.2:** Aufbau eines typischen Räumfahrzeuges; 1 Räumschild mit Schürfleisten, 2 Trägerfahrzeug, 3 Streugutsilo, 4 Soletank, 5 Windleitschirm, 6 Streuüberwachung, 7 Geschwindigkeitssensor, 8 Förderschnecke, 9 Steuerblock und –gerät, 10 Streuteller*

Wird das Fahrzeug für die Schneeräumung eingesetzt, muss der Schneepflug in Abhängigkeit von der Schneehöhe, dem Raumgewicht und der Straßenbeschaffenheit eingestellt werden. Hierfür ist eine stufenlose Schwenkwinkelverstellung des Räumschildes vorgesehen, wodurch der Arbeitswiderstand und die Schneeabströmgeschwindigkeit in Abhängigkeit von der Schneekonsistenz reguliert werden kann [Wa04]. Die Einstellung wird aufgrund einer optischen bzw. haptischen Bewertung des Räumpersonals vorgenommen. Bei der Bedienung des Streuaggregats zur Glättebekämpfung wird der Fahrer durch Sensoren und Regelalgorithmen unterstützt. Die Ausbringmenge wird mit Hilfe der Parameter Fahrgeschwindigkeit, Streudichte bzw. -breite, sowie einer Sensorkonstanten eingestellt. Während die Fahrgeschwindigkeit bzw. die Drehzahl der Förderschnecke sensorisch erfasst wird, handelt es sich bei den übrigen Parametern um Werte, die

[1] Vollständige Räumung einer Verkehrsfläche von Eis und Schnee, zeit- und kostenintensiv

vom Räumpersonal eingestellt werden müssen. In **Abb. 4.3** sind die Signalflusspläne der Streubreiten- und Ausbringmengenregelung dargestellt.

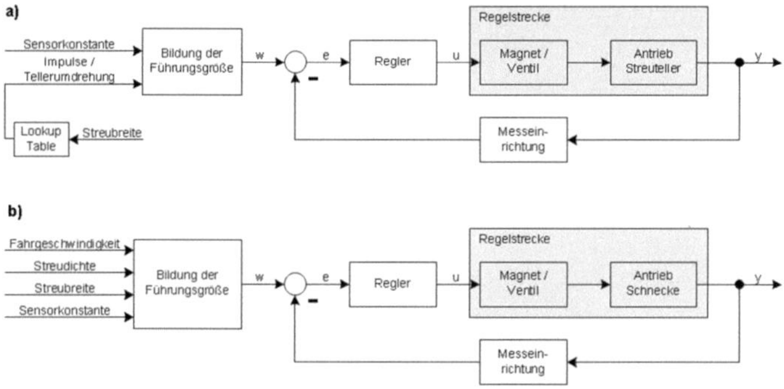

Abb. 4.3: *Signalflusspläne eines Streuaggregats; a) Regelung der Streubreite, b) Regelung der Ausbringmenge*

4.3 Hydraulische Komponenten im Räumfahrzeug

Für die Funktionserfüllung der in Kapitel 4.2 beschriebenen Aufgaben werden unter anderem hydraulische Komponenten eingesetzt, die in den Kapiteln 4.3.1 und 4.3.2 behandelt werden. Thematisiert werden Komponenten für translatorische Stellbewegungen (z. B. Wegeventile) sowie Komponenten für rotatorische Maschinenbewegungen (z. B. Stromregelventile).

4.3.1 Schneeräumung mit Schneepflug

Heutzutage steht eine Vielzahl von Maschinen zur Schneeräumung zur Auswahl. Neben Schneeschleuder und -fräse kommt überwiegend der Schneepflug zum Einsatz. Im Laufe der Zeit sind für diesen Maschinentyp zahlreiche Konstruktionsvarianten entstanden, um Lockerschnee,

Festschnee und Schneematsch von Verkehrsflächen zu beseitigen. So werden heute Keilpflüge, Einschar- und Mehrscharpflüge, sowie Variopflüge in Abhängigkeit von der Fahrbahnbeschaffenheit und Schneehöhe eingesetzt.

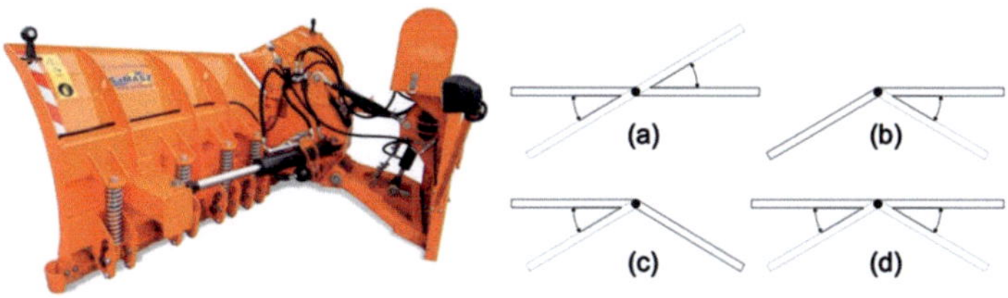

Abb. 4.4: *Variopflug und dessen Schaltstellungen*

Trägerfahrzeuge wie zum Beispiel der Mercedes-Benz Unimog oder der JCB Fastrac sind mit einem generatorischen (Pumpe) und konduktiven Hydraulikteil (Leitungen, Steuerelemente, Filter, Kühler) ausgestattet und können somit hydraulische Verbraucher ansteuern. Diese Gegebenheit wurde bei dem in **Abb. 4.4** gezeigten Variopflug genutzt. Das Steuerelement (Wegeventil mit nachgeschalteter Druckwaage) des Geräteträgers wird hierbei verwendet, um den Volumenstrom an den Verbraucheranschlüssen A und B zu steuern. Die hydraulische Steuerung des Pfluges wird an diese Verbraucheranschlüsse angeschlossen und somit bei Ansteuerung des Wegeventils mit Hydrauliköl versorgt.

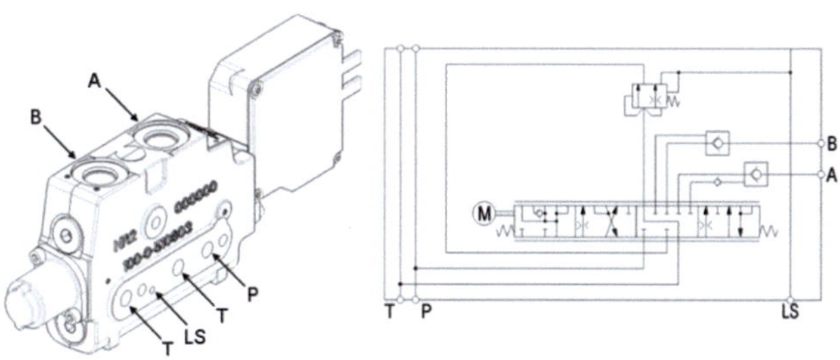

Abb. 4.5: *Wegeventil des Geräteträgers mit nachgeschalteter Druckwaage*

Neben den Zylindern, die den motorischen Teil des hydrostatischen Systems ausmachen, umfasst die Pflugsteuerung weitere Steuerelemente, wie zum Beispiel Druckbegrenzungsventile. Diese in Patronenbauform ausgeführten Ventile werden für die Begrenzung des Systemdrucks bzw. von Druckspitzen eingesetzt (Schocksicherungsfunktion), die sich zum Beispiel durch eine mechanische Blockierung des Räumschildes während des Räumvorgangs einstellen können. Mit 2/2- bzw. 3/2-Wegeventilen wird der an den Anschlüssen A und B anliegende Ölvolumenstrom an die entsprechenden Anschlüsse AL bis BR geleitet, vgl. **Abb. 4.6**.

Bestromt werden diese Ventile durch das pflugspezifische Steuergerät, das vorzugsweise in der Fahrerkabine montiert wird. Über das Steuergerät stellt der Fahrer die gewünschte Schildausrichtung ein. Die Steuerung der Ölversorgung erfolgt durch die Bedieneinheit des Trägerfahrzeuges. Typischerweise wird die Bedienung der Wegeventile des Trägerfahrzeuges mittels eines Multifunktions-Joysticks realisiert. Durch die Kombination der hydraulischen Elemente des Schneepfluges, der Leistungshydraulik des Trägerfahrzeugs und der entsprechenden Kinematik des Pflugs können die beiden Pflugsegmente um die Vertikalachse gedreht werden, um somit eine Anpassung an die Räumbedingungen sicherzustellen.

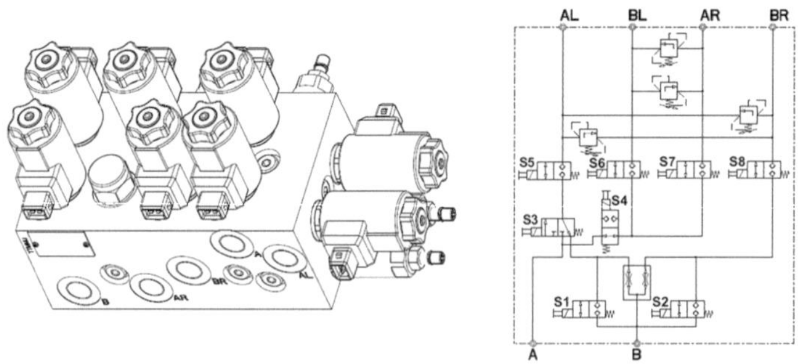

Abb. 4.6: *Hydraulisches Schaltschema eines Variopfluges*

4.3.2 Streustoffausbringung mit Streuteller und Schnecke

Neben der reinen Richtungssteuerung hydraulischer Aktoren gibt es im Winterdienst Anwendungen, wie z. B. den Streuteller oder die Förderschnecke, die eine Geschwindigkeits- oder Drehzahlregulierung erfordern. Hier kommen einfache Drossel- oder Stromregelventile (vgl. **Abb. 4.7**) zum Einsatz. Da sich der Volumenstrom in einfachen Drosselventilen mit der anliegenden, variierenden Druckdifferenz ändert, kommen Stromregelventile (SRV) dann zur Anwendung, wenn eine lastunabhängige Einstellung des Verbrauchervolumenstroms in einer Durchflussrichtung gefordert wird. Stromregelventile werden in Ventile mit Primärdruckwaage bzw. Sekundärdruckwaage unterschieden.

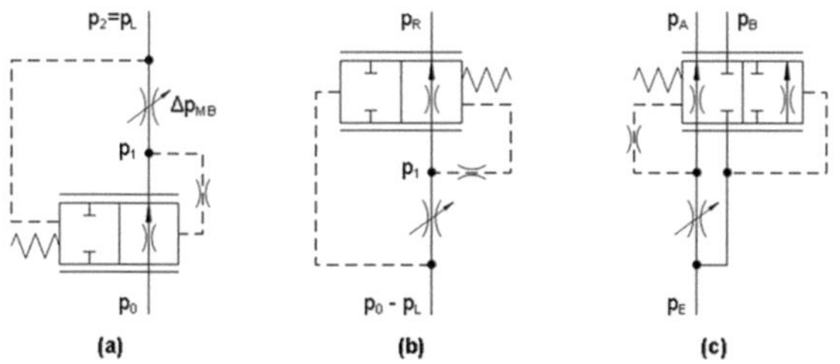

Abb. 4.7: *Ersatzschaltbilder diverser Stromregelventile; (a) 2-Wege-Stromregler mit Primärdruckwaage, (b) 2-Wege-Stromregler mit Sekundärdruckwaage, (c) 3-Wege-Stromregler mit Sekundärdruckwaage*

Bei Schaltungen mit Primärdruckwaage wirkt der Lastdruck direkt auf die Druckwaage (schnelles Reagieren auf Laständerungen des Verbrauchers). Bei Schaltungen mit Sekundärdruckwaagen wirkt die Druckdifferenz $(p_0 - p_L) - p_1$ auf die Druckwaage (gute Ansprechempfindlichkeit auf Druckänderungen des vorgeschalteten Gerätes) [Mu07]. Die Gleichgewichtsbedingungen an 2-Wege-Stromregelventilen lassen sich bei Vernachlässigung von Reib- und Strömungskräften wie folgt darstellen (SRV mit Primärdruckwaage Gl. 4.1, SRV mit Sekundärdruckwaage Gl. 4.2):

$$\triangle p_{MB} = p_1 - p_L = \frac{F_F}{A} \approx const \tag{4.1}$$

$$\triangle p_{MB} = p_0 - p_L - p_1 = \frac{F_F}{A} \approx const \tag{4.2}$$

$$Q_{MB} = \alpha \cdot A_{MB} \cdot \sqrt{\frac{2 \times \triangle p_{MB}}{\rho}} \tag{4.3}$$

Nach Gleichung 4.3 stellt sich bei einer konstanten Druckdifferenz über der Messblende - bei Nichtberücksichtigung von Temperatureinflüssen - ein Volumenstrom proportional zum Öffnungsquerschnitt ein. Durch eine entsprechende Gestaltung des Querschnitts ist es möglich, diese sich öffnende Querschnittsfläche proportional zum Schieberweg zu gestalten. Da sich die Kraft einer Druckfeder nahezu linear zur Auslenkung verhält[2], ergibt sich ein proportionaler Zusammenhang zwischen Volumenstrom und Federkraft. Bei Vernachlässigung von Strömungs- und Reibkräften stellt sich für das System das Kräftegleichgewicht $F_{Feder} = F_{Magnet}$ ein. Aus diesem Zusammenhang ergibt sich die proportionale Abhängigkeit des Volumenstroms von der wirkenden Magnetkraft. Ventilmagnete weisen typischerweise in ihrer Kennlinie (Magnetkraft über Stellweg) Bereiche auf, in denen die Magnetkraft abhängig vom Ankerstrom ist, nicht aber vom Stellweg. Wird der Stellweg des Ventilschiebers für diese Bereiche ausgelegt, kann daraus geschlossen werden, dass der Volumenstrom proportional zum anliegenden Ankerstrom ist.

Ein weiteres Unterscheidungskriterium für Stromregelventile ist die konstruktive Ausführung als 2-Wege- bzw. 3-Wege-Regler. In der Ausführung als 2-Wege-Regler werden die beiden Strömungswiderstände, Messblende und Druckwaage, in Reihe geschaltet. In der Ausführung als 3-Wege-Regler werden zwei Strömungswiderstände, Messblende und Druckwaage, parallel geschaltet [Mu07]. Der Eingangsvolumenstrom wird hierbei über die Messblende in einen Vorzugsstrom und über die Druckwaage in einen Reststrom aufgeteilt. Die Druckwaage hält die Druckdifferenz über der Messblende konstant und ermöglicht somit, dass der Vorzugsvolumenstrom über eine Variation der geöffneten Fläche der Messblende einstellbar wird. **Abb. 4.8** zeigt die Schnittansicht eines 3-Wege-Stromreglers.

Das Schaltschema eines ausgeführten Steuerblocks für Aggregate zur Streustoffausbringung zeigt **Abb. 4.9**. Über das 4/3-Wegeventil wird ein Gleichlaufzylinder zur Streubildverstellung angesteuert. Für diese Aufgabe sind geringe Volumenströme bis 1 l/min ausreichend. Die Hauptfunktion des Steuerblocks - Geschwindigkeitssteuerung rotatorischer Antriebe - wird durch das 3/2-Wegeventil zugeschaltet und ist über ein Druckbegrenzungsventil auf 170 bar abgesichert. Dem Anschluss A, über den der Streuteller angetrieben wird, ist ein 3-Wege-Stromregelventil mit einem

[2] $HookeschesGesetz,\ F = \frac{E \times A}{l_0} \times \triangle l = c_F \times \triangle l$

Nennvolumenstrom von 25 l/min vorgeschaltet. Der vom Verbraucher zurückfließende Ölstrom sowie die Menge, die über den Reststromanschluss fließt, wird den sich anschließenden Stromregelventilen für die Förderschnecken (Anschlüsse B und C) zur Verfügung gestellt. Durch diese Schaltung wird der Streuteller hydraulisch priorisiert versorgt.

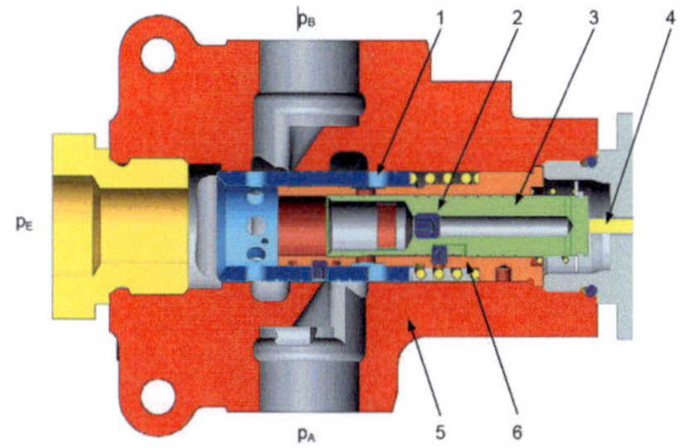

Abb. 4.8: *Schnittdarstellung des magnetbetätigten 3-Wege-Stromreglers mit Sekundärdruckwaage; 1 Druckwaage, 2 Düse, 3 Schieber, 4 Magnetstößel, 5 Gehäuse, 6 Messblende*

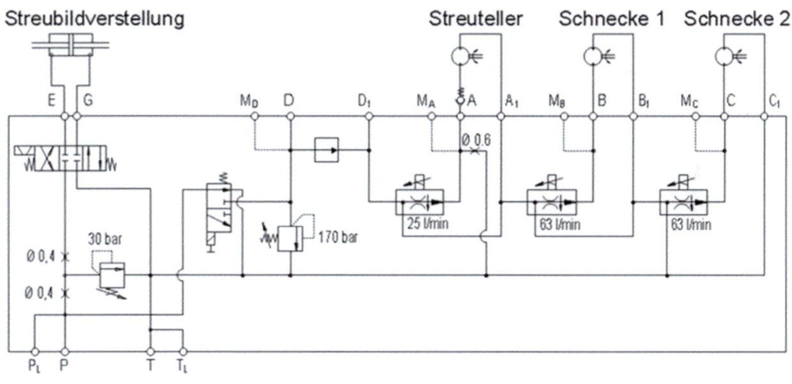

Abb. 4.9: *Schaltschema eines typischen Ventilblocks für Streuaggregate*

5 Antriebstechnik

In dem folgenden Kapitel werden zum einen Load-Sensing Systeme noch einmal detalliert unter Einbezug von LS Systemen mit Konstantpumpe vorgestellt. Zum anderen werden hydrostatische Fahrantriebe ausführlich beschrieben.

5.1 Load-Sensing-Systeme

Autor: A. Nocker, Fa. HAWE Hydraulik

Bei der Versorgung mehrerer ventilgesteuerter Verbraucher mit nur einer Pumpe hat das hydraulische Load-Sensing eine große Bedeutung erlangt. Der hohe Wirkungsgrad solcher Anlagen beruht auf der Anpassung des Pumpenförderstromes und Versorgungsdruckes an den Bedarf der Verbraucher [We95].

Der Begriff Load-Sensing („Last erkennend" oder „Last fühlend") steht hierbei im weitesten Sinn für alle Hydrauliksteuerungen, die das Ziel haben, einen Verbraucher-Nutz-Volumenstrom unabhängig von der momentanen, wechselnden Belastung konstant zu halten und feinfühlig und proportional zu einem Steuersignal willkürlich und reproduzierbar verändern zu können. Dies soll auch bei paralleler Betätigung mehrerer Verbraucher möglich sein, ohne dass diese sich gegenseitig beeinflussen.

Die dazu erforderliche, kontinuierliche Anpassung der Nutzleistung an die während des Betriebes wechselnden Belastungen erfolgt selbsttätig durch Erfassen und Rückmelden des momentanen maximalen Lastdruckes an die für die Anpassung des Nutz-Volumenstromes verantwortlichen Regelglieder.

Weiterhin stellen

Abb. 5.1: *Typische Anwendungen für Load-Sensing-Systeme*

- einfach realisierbare Sicherheits- und Überlastfunktionen insbesondere bei Hebezeugen,
- ein niedriger Geräuschpegel,
- die Möglichkeit der ergonomischen Anordnung der Bedienelemente und
- niedrige Betätigungskräfte

zentrale Forderungen einer fortschrittlichen Hydraulik dar.

5.1.1 Systemaufbau

Load-Sensing bedeutet, dass die vom Betriebsdruck auf der Zufluß-(Pumpen-) Seite belasteten Funktionsteile der Regeleinrichtungen (2-Wege-Stromregler) über Meldeleitungen auch von der Verbraucher-(Last-)-Seite her in entgegengesetzter Richtung beaufschlagt werden. Dadurch wird der Betriebsdruck kräftemäßig kompensiert und ist ohne Einfluss auf die Regelstellung. Diese ist nur noch abhängig von der Stellkraft der Regelfeder p_{Feder} (konstant), einem ebenfalls, zumindest innerhalb der Ventilbaureihe, konstanten, geometrischen Einflussfaktor β und einem Drucküberschuss auf der Zuflussseite, der eine Gegenkraft erzeugt. In

Regelstellung sind diese beiden Kräfte im Gleichgewicht. Der für die Regelstellung erforderliche Drucküberschuss wird durch einen Messwiderstand (in der Regel ein Proportionalventil) in der Druckleitung beim Durchtritt des zum Verbraucher fließenden Nutzvolumenstromes hervorgerufen. Je nach kleinerem oder größerem Öffnungsquerschnitt $A_{Schieber}$ des Messwiderstandes (verschiedene Positionen des Proportionalventilkolbens) wird das Kräftegleichgewicht in der Regelstellung bei ebenfalls kleinerem oder größerem, d. h. ihm proportionalem Durchflussstrom Q erreicht.

$$\triangle p = p_{Schieber} - p_{Last} \tag{5.1}$$

$$p_{Schieber} = p_{Regler} + p_{Feder} \tag{5.2}$$

mit $p_{Regler} = p_{Last}$ (Load-Sensing)

ergibt sich mit Gl. 5.2

$$p_{Schieber} = p_{Last} + p_{Feder}$$

in Gl. 5.1 eingesetzt

$$\triangle p = p_{Last} + p_{Feder} - p_{Last} = p_{Feder}$$

womit dann gilt:

$$Q \sim \beta \times A_{Schieber} \times \sqrt{\triangle p} = const \ \times A_{Schieber} \times \sqrt{const} \tag{5.3}$$

Der Volumenstrom zum Verbraucher ist also nur noch vom, durch den Schieber freigegebenen, Öffnungsquerschnitt und nicht mehr vom aktuellen Druckniveau abhängig. Gleiche Verbrauchergeschwindigkeiten sind somit jederzeit durch gleiche Schieberauslenkung reproduzierbar.

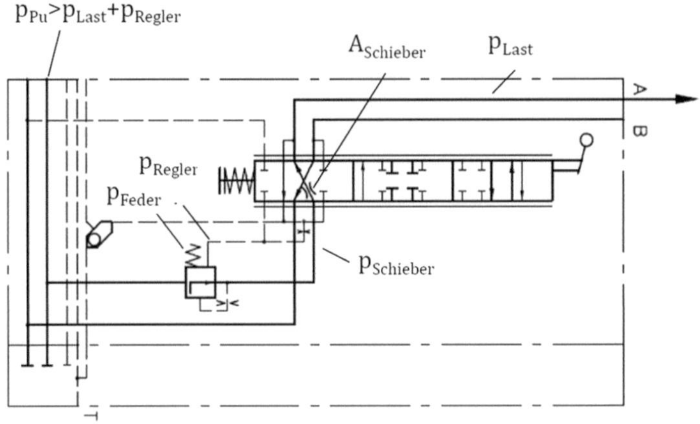

Abb. 5.2: Funktionsweise des 2-Wege-Stromreglers in der Ventilsektion (Sektionsdruckwaage)

5.1.1.1 Hydraulisch-mechanische Load-Sensing-Systeme

Sollen mehrere Verbraucher parallel und voneinander unabhängig betätigt werden können, müssen noch weitere Maßnahmen getroffen werden. Es muss dafür gesorgt werden, dass das System auf dem lasthöchsten Niveau arbeitet. Hierzu werden die LS-Drücke der einzelnen Sektionen über eine sogenannte Wechselventilkette verglichen und der höchste Druckwert auf eine Regeleinheit gemeldet, die entweder einen Bypass der Konstantpumpe zum Tank schliesst oder den Schwenkwinkel einer Verstellpumpe steuert.

Mechanische Load-Sensing-Systeme mit Konstantpumpe

Bei einer Druckölversorgung durch eine Konstantpumpe übernimmt ein 3-Wege-Stromregler im Bypass zum Pumpenkanal die Funktion dieser Regeleinheit. In Neutralstellung des Wegeventiles wird die Steuerleitung des Stromreglers mit dem Tank verbunden und der gesamte Volumenstrom fliesst unter Überwindung des Gegendruckes der Reglerfeder des Stromreglers (im Bsp. 9 bar, siehe **Abb. 5.3**) zum Tank.

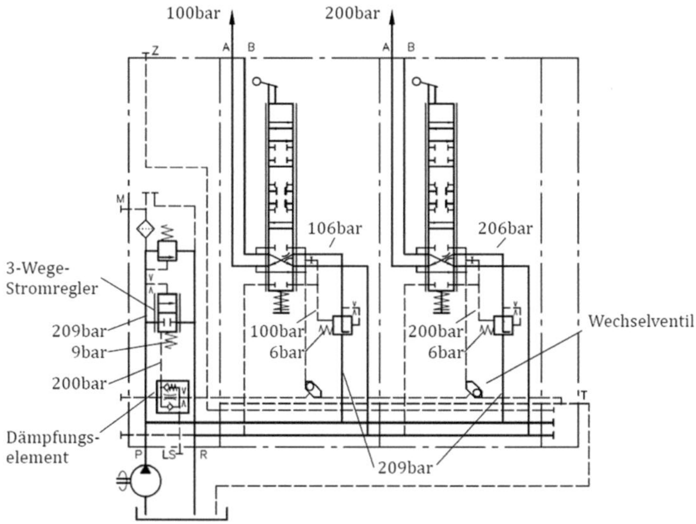

Abb. 5.3: *Hydraulisch-mechanisches Load-Sensing-System mit Konstantpumpe*

Bei Aktivierung von Verbrauchern wird über die Wechselventilkette der lasthöchste Druck (im Bsp. 200 bar, siehe Abb. 5.3) über ein Dämpfungselement, das Lastschwingungen kompensiert und das LS-Signal stabilisiert, auf die, zusätzlich durch die Feder (9 bar) belastete Seite des 3-Wege-Stromreglers in der Eingangssektion gemeldet. Um ein Gleichgewicht herzustellen stellt sich dann der Pumpen- und Systemdruck auf $p_{Lastmax} + p_{Reg} = 209\ bar$ ein. Der überschüssige Ölvolumenstrom der Konstantpumpe wird unter diesem Druck zum Tank abgeleitet und hat direkten Einfluss auf die Verlustleistung. Die 2-Wege-Stromregler mit den Drosselstellen der Schieberkolben in den anderen Sektionen übernehmen die Drosselung des Systemdruckes auf den an der entsprechenden Sektion anliegenden niedrigeren Lastdruck. Die Federn der 2-Wege-Stromregler (6 bar) müssen, damit die Steuerung funktioniert, unterhalb der Federvorspannung des 3-Wege-Stromreglers (9 bar) in der Eingangssektion liegen. Durch eine derartige Systemkonfiguration lassen sich druckbedingte Verluste auf ein Niveau der Federvorspannung des 3-Wege-Stromreglers höher als der maximal nötige Arbeitsdruck reduzieren. Volumenstrombedingte

Verluste werden nicht beeinflusst. Sie sind umso niedrieger, je ähnlicher der Nutzvolumenstrom dem Pumpenvolumenstrom ist.

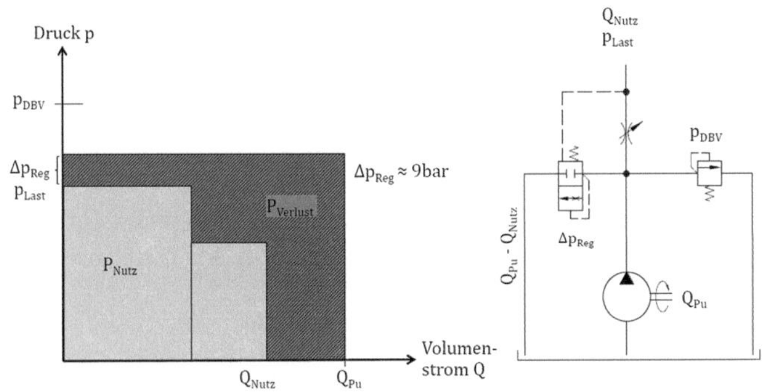

Abb. 5.4: *Energiebilanzdiagramm und Hydraulikschema eines Load-Sensing-Systemes mit Konstantpumpe*

Mechanische Load-Sensing-Systeme mit Verstellpumpe

Bei einer Druckölversorgung durch eine Verstellpumpe sitzt der 3-Wege-Stromregler in der Load-Sensing-Leitung im Pumpenregler auf der Pumpe und steuert deren Schwenkwinkel und somit den Volumenstrom. Wird kein Volumenstrom zum Verbraucher benötigt, wird die Load-Sensing-Steuerleitung mit dem Tank verbunden und die differenzdruckgeregelte Pumpe fördert nur den Leckölstrom des Systems bei niedrigem Umlaufdruck (25. . . 35 bar) [Lo92]. Bei Aktivierung eines oder mehrerer Verbraucher wird über die Wechselventilkette wie beim Konstantpumpensystem der lasthöchste Druck (im Bsp. **Abb. 5.5** 200 bar) auf den Pumpenregler gemeldet. Auch hier muss dieses Drucksignal gedämpft werden. Diese Funktion übernimmt nun ebenfalls der Pumpenregler. Jedoch wird in diesem Fall für eine einwandfreie Funktion des Systems (dynamisches Ausschwenken der Pumpe) eine etwas stärkere Federvorspannung im Regler benötigt, weswegen sich um ein Gleichgewicht herzustellen der Pumpen- und Systemdruck auf (wie in Abb. 5.5) 225 bar einstellt. Wie schon zuvor übernehmen die 2-Wege-Stromregler (Druckwaagen) in den einzelnen Sektionen die Drosselung des Systemdruckes auf den an der Sektion anliegenden Lastdruck.

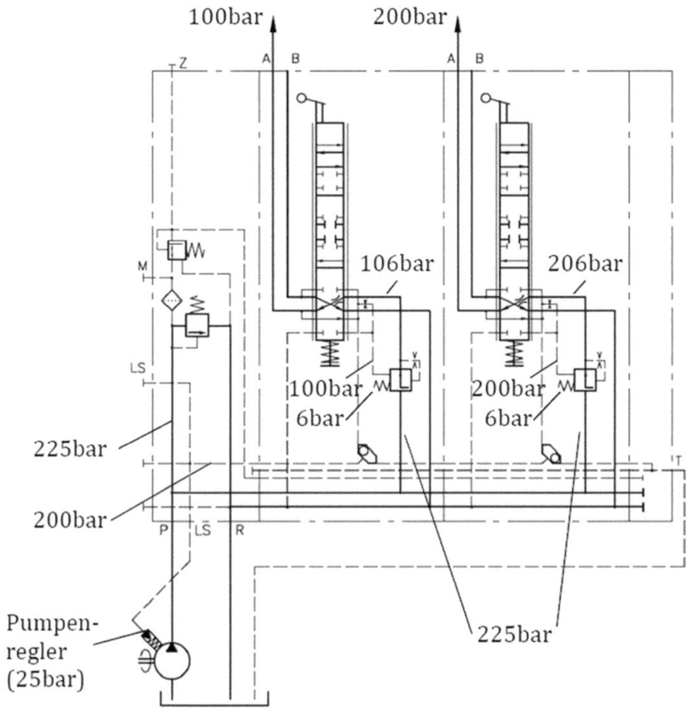

Abb. 5.5: Hydraulisch-mechanisches Load-Sensing-System mit Verstellpumpe

Durch eine derartige Systemkonfiguration lassen sich druckbedingte Verluste auf ein Niveau der Federvorspannung des Pumpenreglers höher als der maximal nötige Arbeitsdruck reduzieren. Die volumenstrombedingten Verluste minimieren sich auf die Leckageverluste des Systems.

Load-Sensing-Systeme mit "Flow sharing"

Eine Einschränkung der Systeme mit einer dem Schieber vorgeschalteten Druckwaage (2-Wege-Stromregler) ist die Tatsache, dass bei Unterversorgung durch die Pumpe, die aus Kostengründen möglichst klein gehalten wird, der lasthöchste Verbraucher als Erster langsamer wird und im Grenzfall sogar stehen bleibt. Ventile nach dem "Flow-sharing"-Prinzip

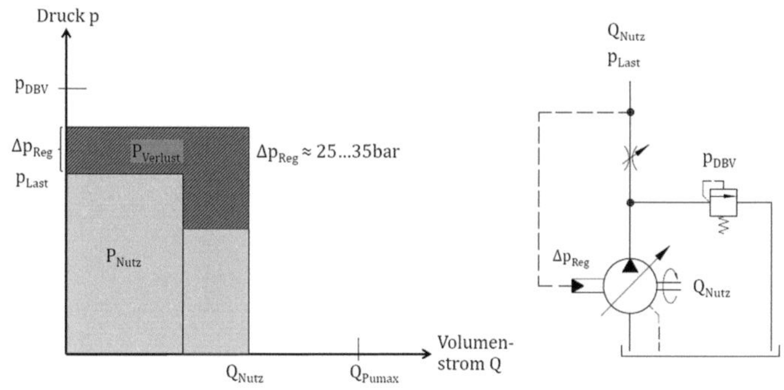

Abb. 5.6: *Energiebilanzdiagramm und Hydraulikschema eines Load-Sensing-Systemes mit Verstellpumpe*

verhindern dies und halten das Verhältnis der Aufteilung des Pumpenvolumenstroms zu den aktuell betätigten Verbrauchern konstant. Die Geschwindigkeit aller Verbraucher reduziert sich entsprechend im gleichen Maße und eine Korrektur durch den Maschinenbediener ist nicht nötig. Im Gegensatz zum herkömmlichen Load-Sensing-System ist hier je eine Druckwaage in den Verbraucheranschlüssen dem Schieber nachgeschaltet. Außerdem besitzen diese Druckwaagen keine Feder und stellen somit keinen festgelegten Druckabfall und keinen lastunabhängigen und konstanten Volumenstrom über den Schieber sicher. Diese Art der Druckwaage arbeitet mit einem variablen, vom jeweiligen Pumpenförderstrom abhängigen Druckabfall [NN91] [BR]. Einschränkungen wie der dadurch etwas höhere Energieverbrauch und die nicht mögliche gezielte Beeinflussung (Druckberenzung, Zu-/Abschaltung, usw.) von verbraucherseitigen Lastdrücken macht auch dieses System, wie die zuvor beschriebenen, zu einer anwendungsabhängigen, spezifischen Lösung.

Konstruktiver Aufbau eines Load-Sensing-Wegeventiles

Wie die einfachen, meist manuell betätigten, Wegeventile in der Mobilhydraulik (Drosselventile) werden auch Load-Sensing-Ventile in Scheibenbauweise ausgeführt. Hierbei werden an eine Eingangssektion mit dem zentralen Pumpen- und Tankanschluss über Zuganker die benötigte Anzahl an Verbrauchersektionen angebaut. Die durch alle Sektionen durchgeschleiften

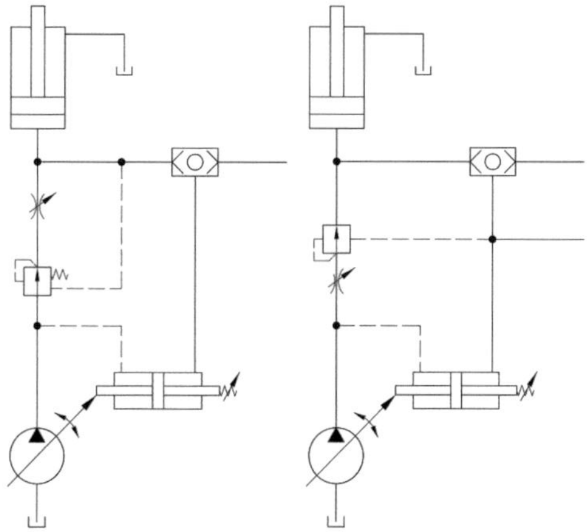

Abb. 5.7: *Hydraulikschemas von Systemen mit vor- bzw. nachgeschalteter Druckwaage*

Pumpen-, Rücklauf- und Steuerölkanäle werden durch eine Endplatte verschlossen. Verbraucheranschlüsse, verbraucherbezogene Funktionen und die Betätigungen (manuell, elektrohydraulisch, pneumatisch. . .) befinden sich in bzw. auf den Sektionsplatten. Gängige Baugrössenabstufungen werden für Verbrauchervolumenströme bis jeweils ca. 50 l/min, 100 l/min, 200 l/min und 350 l/min vorgenommen. Der maximale Arbeitsdruck liegt bei üblichen Anwendungen meist bei 350 bar. Hier zeigt sich jedoch vermehrt kostenbedingt die Forderung nach 420 bar Dauerbelastbarkeit. **Abb. 5.9** zeigt den Querschnitt einer Load-Sensing-Ventilsektion (HAWE Hydraulik). Ein Kolben befindet sich in einer Bohrung der Ventilsektion und wird über ein beidseitig wirkendes (drückendes und ziehendes) Federpaket zentriert. Die Auslenkung des Kolbens erfolgt entweder manuell über einen Handhebel oder über die elektrohydraulische Betätigung.

Die Betätigung besteht aus einem Proportionalmagneten der bei Bestromung ein 3-Wege-Proportionaldruckregelventil steuert, das dann wiederum einen proportionalen Druck auf die Feder- oder Handhebelseite des Kolbens gibt. Daher spricht man hier von einer elektrohydraulischen Betätigung.

***Abb. 5.8:** Load-Sensing-Ventil und einzelne Ventilsektion in Scheibenbauweise (HAWE Hydraulik)*

Der Schieberkolben verbindet daraufhin einen der Anschlüsse des Verbrauchers mit der Pumpenseite und den anderen mit der Tankseite, der Verbraucher (Zylinder) fährt aus bzw. ein. Ebenfalls in der Ventilsektion befindet sich ein Wechselventil zur Meldung des höchsten Lastdruckes auf den 3-Wege-Stromregler in der Eingangssektion bei Konstantpumpensystemen bzw. auf den Pumpenregler bei Verstellpumpensystemen und das 2-Wege-Stromregelventil (Sektionsdruckwaage). Zusätzlich gezeigt ist noch ein Druckregelventil, das dazu dient das Proportionaldruckregelventil mit einem reduzierten, konstanten Eingangsdruck zu versorgen und in der Eingangssektion sitzt. Die Funktionsabschaltungen sind optional und dienen zum gezielten (De-)Aktivieren oder Begrenzen des Load-Sensing-Druckes am entsprechenden Verbraucheranschluss. Dadurch können auf einfache Art und Weise beliebige Sicherheitsfunktionen realisiert werden was insbesondere bei komplexeren Systemen mit zusätzlichen Sensoren und übergeordneter SPS-Steuerung ein großer Vorteil ist.

5.1.1.2 Elektrohydraulische Load-Sensing-Systeme

Regelungstechnisch stellt der Load-Sensing-Kreislauf einen Pumpenregelkreis zur Konstanthaltung der Druckdifferenz an einer Stelldrossel dar,

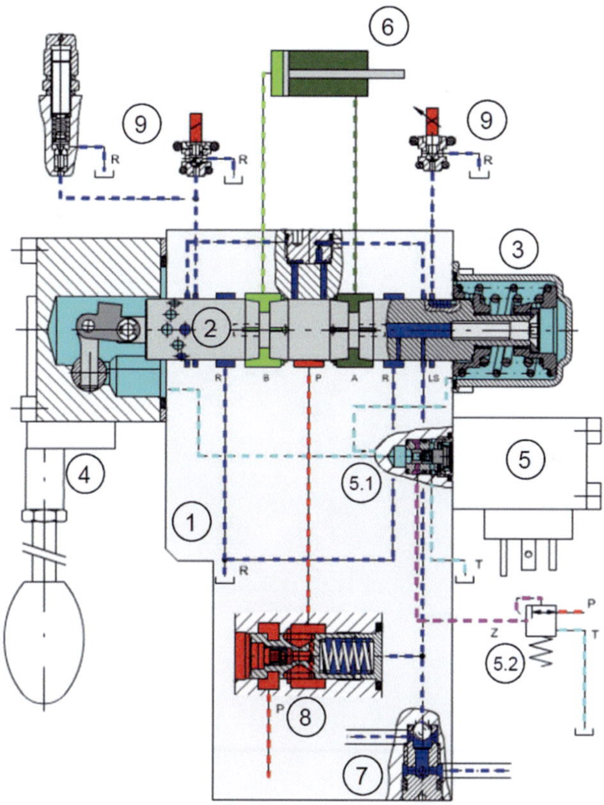

Abb. 5.9: *Querschnitt einer Load-Sensing-Ventilsektion (HAWE Hydraulik)*

wobei sich sowohl der Lastdruck hinter der Stelldrossel (Störgröße) als auch die Einstellung der Drossel (Führungsgröße) mit großer Dynamik ändern können [Sc92]. In elektrohydraulischen Load-Sensing-Systemen werden hydraulische Signale (Druck, Druckdifferenz, Schieberposition) mit entsprechenden Sensoren in elektrische umgewandelt oder durch elektrische ersetzt und in einer übergeordneten speicherprogrammierbaren Steuerung (SPS) mit hinterlegter Software verknüpft, gegebenenfalls modifiziert und in resultierende Stellgrößen umgesetzt.

***Abb. 5.10:** Load-Sensing-Ventil mit CAN-Bus-Schnittstelle und integriertem Wegaufnehmer (HAWE Hydraulik)*

Das Ziel dabei ist, die Kostenvorteile und die Robustheit der konventionellen Load-Sensing-Systeme mit den energetischen und regelungstechnischen Vorteilen sowie der Flexibilität der Elektrohydraulik zu kombinieren [Dj08]. **Abb. 5.10** zeigt einen Load-Sensing Wegeschieberverband mit integriertem Wegaufnehmer zur Überwachung der Schieberposition und integierter CAN-Bus-Schnittstelle. Durch die integrierte Signalrückführung erfolgt eine automatische Optimierung des Reaktionsverhaltens des Ventils. Dies hilft besonders dem Reduzieren der Hysterese und der Verbesserung der Wiederholgenauigkeit. Die Schwingungsanfälligkeit der Gesamtanlage wird insofern positiv beeinflusst, da bei der Signalübertragung keine Massen bewegt werden und die elektrischen Signale zudem optimal kontrolliert, eingeschränkt und geformt werden können. So lassen sich z. B. Beschleunigungs- und Verzögerungskurven, wie auch Rampen vorgeben. Dies ist auch notwendig, weil der elektrische Strom die Signale wesentlich schneller überträgt als das Medium Hydrauliköl [Sc92]. Sämtliche Einschränkungen der unter Kapitel 5.1.1.1 beschriebenen Systeme können mit einem Elektrohydraulischen Load-Sensing mit 2-Wege-Stromregler im Zulauf behoben werden, der Flexibilität und Funktionalität sind kaum Grenzen gesetzt. Voraussetzung für die elektrische Signalübertragung ist die Möglichkeit der elektrischen Signalverarbeitung durch eine SPS-Steuerung. Hierzu muss „Mobilelektronik" verwendet werden, die auf den Einsatz in mobilen Arbeitsmaschinen abgestimmt ist. Dazu gehört die Unempfindlichkeit gegenüber mechanischen Beanspruchungen (Stöße, Vibration) ebenso wie die Temperatur-, Witterungsfestigkeit und die elektromagnetische Verträglichkeit [Sc92].

Abb. 5.11: *Speicherprogrammierbare Ventilsteuerung mit CAN-Bus Schnittstelle (HAWE Hydraulik)*

Zur Vereinfachung von Verkabelungsaufwand und zur Standardisierung hat sich in der Mobilhydraulik die CAN-Bus-Architektur durchgesetzt. Die Ansteuerung auch von komplexen Systemen mit dezentralen Ventilinseln, Sensoren und Aktoren wird vereinfacht, der Einrichtaufwand verringert sich durch Self-Teaching-Funktionen. Auch ist diese zunächst aufwändiger scheinende Lösung nicht zwangsläufig kostenintensiver, da hydraulische Signalleitungen (Ventilansteuerung, Lastdruckmeldung...) und hydraulische Drehdurchführungen entfallen können.

5.1.2 Ausblick

Die oben beschriebenen Systeme existieren gleichzeitig am Markt und werden durch Systeme mit einfachsten, handbetätigten ON/OFF-Wegeventilen sogar noch nach unten erweitert. Dies zeigt, dass die Auswahl eines passenden Hydrauliksystemes von verschiedenen Faktoren abhängig ist. Neben der Anwendung an sich, dem Einsatzort/-land der Maschine, der Betriebsdauer, -art und –häufigkeit, der Wartungs-, Reparaturfreundlichkeit und der Komplexität des Systems sind insbesondere die Kosten ausschlaggebend. Alle diese Einflussfaktoren müssen bei der Auswahl einer passenden Steuerung berücksichtigt und gegeneinander abgewogen werden. Eine allgemein gültige und überall optimale Lösung gibt es nicht.

Die zunehmenden Maschinendimensionen, die verstärkte Prozessautomatisierung und die Forderung der Ressourcenschonung führen zu steigenden Ansprüchen an die hydraulischen Antriebssysteme. Insbesondere in den Industrieländern zwingt der Kostendruck zu neuen und sparsameren Konzepten, die energetisch günstiger betrieben werden können. Ergebnis dieser Entwicklungen sind unter anderem Bedarfssteuerungssysteme. Im Gegensatz zu den beschriebenen Load-Sensing-Systemen sind diese Systeme keine Regelungen, sondern Steuerungen [Mu98]. Eine mobiltaugliche elektro-proportional ansteuerbare Axialkolben-Verstellpumpe für den offenen Kreislauf wird hierbei als einstellbare Volumenstromquelle genutzt, wobei auf zusätzliche Sensoren aufgrund des Steuerungsprinzips verzichtet werden kann. Als wesentliche Ergebnisse sind eine Verbesserung der dynamischen Eigenschaften und die Verbesserung des Wirkungsgrades durch die direkt möglich Einflussnahme auf die Systemdruckverluste festzustellen [Fe08].

5.2 Hydrostatische Fahrantriebe

Autor: Dr. T. Kohmäscher, Fa. Danfoss Power Solutions

Die Leistung und das Drehmoment des heute in mobilen Arbeitsmaschinen zumeist eingesetzten Dieselmotors stehen nur in einem engen Drehzahlband zur Verfügung. Ein Getriebe wird eingesetzt um die Spreizung zwischen maximaler Zugkraft und maximaler Fahrgeschwindigkeit abhängig von der aktuellen Lastsituation zu garantieren. Im Bereich der mobilen Arbeitsmaschinen existieren unterschiedliche Systemlösungen für den Fahrantrieb.

Rein mechanische Getriebe mit einer Vielzahl von Vorwärts- und Rückwärtsgängen kommen in Traktoren unterschiedlicher Leistungsklassen zum Einsatz. Dabei sind zumeist einige Gangwechsel unter Last möglich, so dass ohne Zugkraftverlust eine Anpassung der Fahrgeschwindigkeit vorgenommen werden kann. Die Komplexität der mechanischen Getriebe und die zunehmende Automatisierung haben zur Entwicklung hydrostatisch-mechanischer Leistungsverzweigungsgetriebe geführt. Eine neue Entwicklung zeigt den Einsatz eines rein mechanischen Doppelkupplungsgetriebes [Se12].

Besonders im Bereich großer Leistungen wird häufig die Kombination eines hydrodynamischen Drehmomentwandlers (HDW) mit einem mechanischen Lastschaltgetriebe eingesetzt. Durch den Einsatz von Getriebestufen wird der Wandlungsbereich des HDW mehrmals durchfahren. Der Wirkungsgrad kann durch den Einsatz einer Überbrückungskupplung deutlich verbessert werden. Die Übersetzung der Drehzahl und des Drehmoments ergibt sich beim HDW aus der aktuellen Lastsituation und kann nicht direkt gesteuert werden. Der HDW im Fahrantrieb macht eine Veränderung der Drehzahl des Dieselmotors erforderlich, um die Fahrgeschwindigkeit zu verändern. Nicht in allen mobilen Arbeitsmaschinen ist eine variierende Dieseldrehzahl akzeptabel. Die hohe Zuverlässigkeit durch den einfachen Aufbau und das gute Preis-Leistungs-Verhältnis sprechen für den Einsatz des HDW in mobilen Arbeitsmaschinen.

Hydrostatische Getriebe (HSG) kommen in unterschiedlichen Varianten im Fahrantrieb mobiler Arbeitsmaschinen zum Einsatz. In der einfachsten Ausführung besteht das HSG aus einer verstellbaren Pumpe und einem Motor, der konstant oder verstellbar ausgeführt werden kann. Das HSG im Fahrantrieb ermöglicht die kontinuierliche Veränderung der Fahrgeschwindigkeit, das ruckfreie Reversieren der Fahrtrichtung sowie das verschleißfreie Abbremsen. Die Komponenten des HSG lassen sich räumlich flexible auf der Maschine platzieren, so dass z. B. der Dieselmotor quer eingebaut werden kann – wie bei einigen Radladern. Durch ein nachgeschaltetes Getriebe kann der Wandlungsbereich des HSG mehrmals durchfahren werden, um die geforderte Getriebespreizung zu erreichen.

5.2.1 Grundlagen für hydrostatische Getriebe

Hydrostatische Getriebe ermöglichen durch den hohen Systemdruck von bis zu 500 bar ein hohes Drehmoment und eine hohe Leistungsdichte. Die maximalen Drehmomente werden bereits bei geringsten Drehzahlen aufgebaut, so dass hohe Zugkräfte für das Anfahren zur Verfügung stehen. Die einfache Umkehr von Dreh- und Lastrichtung ermöglicht den Betrieb in vier Quadranten und das Abstützen am Dieselmotor bei ziehenden Lasten [Ko08].

5.2.1.1 Grundschaltplan

Abbildung 5.12 zeigt den schematischen Aufbau eines typischen hydrostatischen Getriebes.

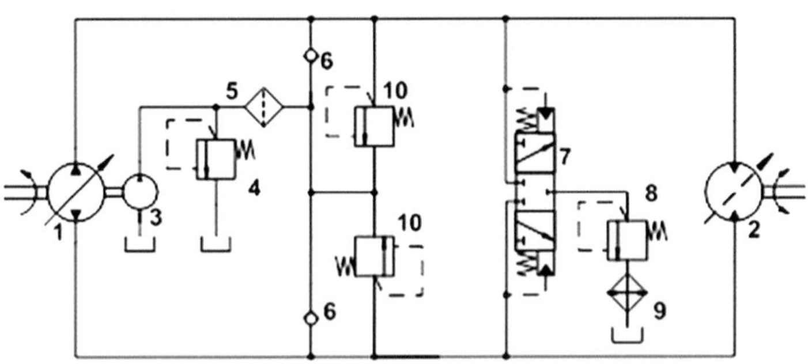

Abb. 5.12: *Hydrostatisches Getriebe in geschlossenem Kreislauf*

Die Details zum Schaltplan eines HSG mit geschlossenem Kreislauf wurden bereits im Vorfeld umfassend erläutert.

5.2.1.2 Theoretische Berechnung

Tab. 5.1: *Verluste hydrostatischer Einheiten [Ko08]*

	Pumpe		**Motor**	
	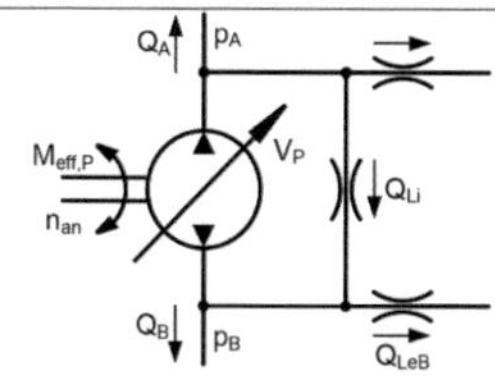		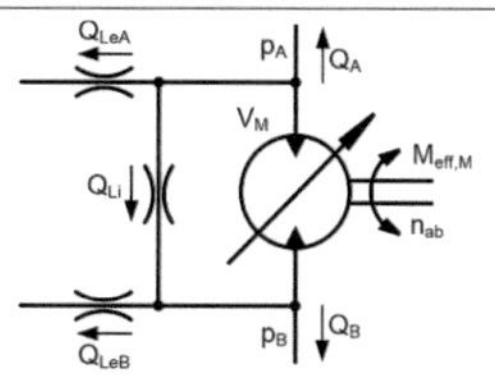	
Ideales Verhalten	$Q_{th,P} = n_{an} \cdot V_P$ $M_{th,P} = \frac{(p_A - p_B) \cdot V_P}{2\pi}$		$Q_{th,M} = n_{ab} \cdot V_M$ $M_{th,M} = \frac{(p_A - p_B) \cdot V_M}{2\pi}$	
Reales Verhalten	$Q_{eff,P} = Q_{th,P} \cdot \eta_{vol,P} = Q_{th,P} - Q_{V,P}$ $M_{eff,P} = M_{th,P} \cdot \frac{1}{\eta_{hm,P}} = M_{th,M} + M_{V,M}$ **mit** $\eta_{vol,P} = \frac{Q_{eff,P}}{Q_{th,P}}$ **und** $\eta_{hm,P} = \frac{M_{th,P}}{M_{eff,P}}$		$Q_{eff,M} = Q_{th,M} \cdot \frac{1}{\eta_{vol,M}} = Q_{th,M} + Q_{V,M}$ $M_{eff,M} = M_{th,M} \cdot \eta_{hm,M} = M_{th,M} - M_{V,M}$ **mit** $\eta_{vol,M} = \frac{Q_{th,M}}{Q_{eff,M}}$ **und** $\eta_{hm,M} = \frac{M_{eff,M}}{M_{th,M}}$	
Zuordnung	**für** $p_A \geq p_B$: $Q_A = Q_{eff,P}$ $Q_B = -Q_{th,P}$	**für** $p_A < p_B$: $Q_A = Q_{th,P}$ $Q_B = -Q_{eff,P}$	**für** $p_A \geq p_B$: $Q_A = -Q_{eff,M}$ $Q_B = Q_{th,M}$	**für** $p_A < p_B$: $Q_A = -Q_{th,M}$ $Q_B = Q_{eff,M}$

Die hydraulisch-mechanischen Verluste resultieren aus der Festkörper- und Flüssigkeitsreibung und addieren sich zum Verlustmoment M_V. Die volumetrischen Verluste setzen sich aus interner Leckage Q_{Li} (zwischen Hoch- und Niederdruckseite) sowie externer Leckage Q_{Le} (von Hoch- oder Niederdruck ins Gehäuse der Komponente) zusammen. In der Summe ergeben diese den Verlustvolumenstrom Q_V. Volumetrische Verluste verringern die Abtriebsdrehzahl des Motors, während hydraulisch-mechanische Verluste das Antriebsmoment der Pumpe erhöhen. Unter Beachtung der Verluste

(Index „V“) ergeben sich für hydrostatische Verdrängereinheiten je nach aktueller Betriebsart die in **Tabelle 5.1** zusammengefassten Zusammenhänge [Ko08] [Iv01]. Volumetrischer η_{vol} und hydraulisch-mechanischer Wirkungsgrad η_{hm} beziehen die Verluste auf die aktuelle Leistungsübertragung.

5.2.1.3 Pumpe

Für den Einsatz in Fahrantrieben mobiler Arbeitsmaschinen haben sich Schrägscheiben-Axialkolbenpumpen mit integrierter Einspeisung, Verstellung, Drucklimitierung und Hochdruckbegrenzung etabliert.
Ein mechanischer Durchtrieb ermöglicht, dass mehrere Pumpen hintereinander von einem Dieselmotor angetrieben werden können. So können z. B. die Pumpen für Fahrantrieb und Arbeitshydraulik an einem einzelnen Abtrieb montiert werden. Die Pumpe kann entweder direkt oder über ein zusätzliches Pumpenverteilergetriebe am Dieselmotor montiert werden.

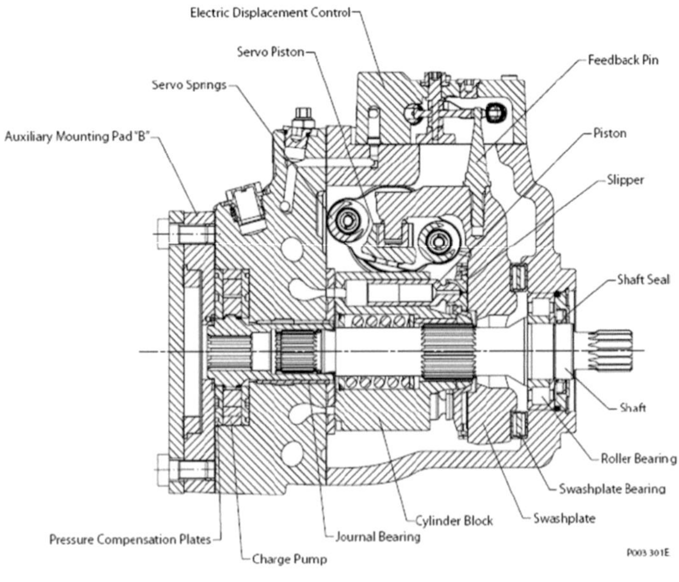

Abb. 5.13: *Hydrostatische Schrägscheibenpumpe*

EDC (Lastunabhängig) vs. NFPE (Lastabhängig)

Die elektronische Regelung des Pumpenfördervolumens EDC (= Electronic Displacement Control) verstellt den Schwenkwinkel der Pumpe proportional zu einem Eingangskommando, ohne Einfluss durch den aktuellen Lastdruck aus der Anwendung (= lastunabhängig). Die elektrisch proportionale Steuerung ohne Rückführung des Schwenkwinkels NFPE (= Non-Feedback Proportional Electric) wird für die automotive Steuerung eines Fahrantriebs eingesetzt. Sie stellt den Steuerdruck in einer Kammer des Servozylinders proportional zum Eingangskommando ein. Der resultierende Schwenkwinkel hängt aufgrund der Verstellkräfte vom aktuellen Systemdruck sowie der Pumpendrehzahl ab (= lastabhängig). Die entstehende Charakteristik von Volumenstrom und Druck kann als eine Limitierung der Leistungsabgabe interpretiert werden. Mit ansteigendem Druck fällt der Schwenkwinkel ab und reduziert damit den abgegebenen Volumenstrom.

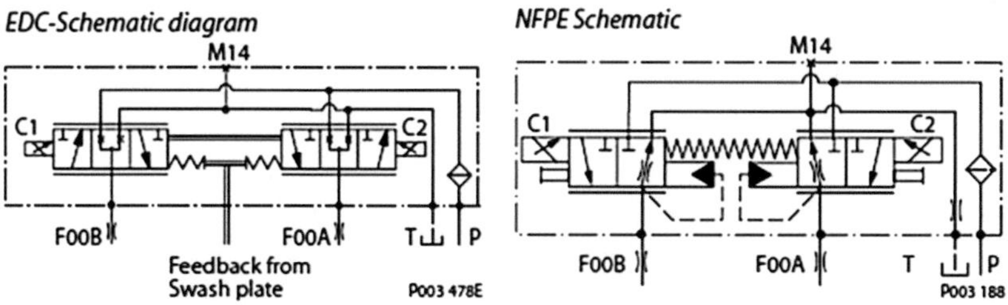

Abb. 5.14: Schemata von EDC (links) und NFPE (rechts)

Abb. 5.14 zeigt die schematischen Darstellungen von EDC und NFPE. Die Anschlüsse zum Servozylinder sind mit F00A und F00B beschrieben, während P und T die Speisedruckversorgung und Pumpengehäuse (= Tank) bezeichnen. C1 und C2 bezeichnen die Magneten zur Steuerung der Pumpe. Das EDC (Abb. 5.14, links) Control besteht aus einem 3/4-Wegeventil (3 Positionen, 4 Wege) das von zwei Proportionalmagneten an den Enden angesteuert wird. Der angesteuerte Magnet bringt eine Kraft auf den Ventilschieber auf, so dass die entsprechende Kammer des Servozylinders mit dem Steuerdruck verbunden wird. Der Druckunterschied im Servozylinder führt zu einem Ausschwenken der Pumpe, das über die mechanische Rückführung zum Kraftausgleich im Ventilschieber führt. Diese

Steuerungseinrichtung arbeitet kontinuierlich weiter, so dass die Pumpe den kommandierten Schwenkwinkel beibehält. Das NFPE (Abb. 5.14, rechts) Control besteht aus zwei proportionalen Druckregelventilen, die über eine Feder gekoppelt sind. Der angesteuerte Magnet bringt eine Kraft auf den Ventilschieber auf. In der entsprechenden Kammer des Servozylinders baut sich ein Druck auf und wirkt auf den Ventilschieber entgegen der Kraft des Magneten. Gemeinsam mit der Kraft der Feder entsteht die Gegenkraft für den proportionalen Druckverlauf [Da13] [Da13.1].

Drucklimitierung

Bei Fahren gegen Hindernisse kann der Druck im HSG bis zum eingestellten Hochdruck ansteigen und den Kreislauf sowie die Komponenten belasten. Hochdruckbegrenzungsventile schützen vor hohem Systemdruck, indem sie bei Erreichen des eingestellten Drucks öffnen und Öl in den Speisekreislauf entlasten. Dabei wird im Öl Wärme erzeugt, die anschließend über den Kühler abgeführt werden muss.

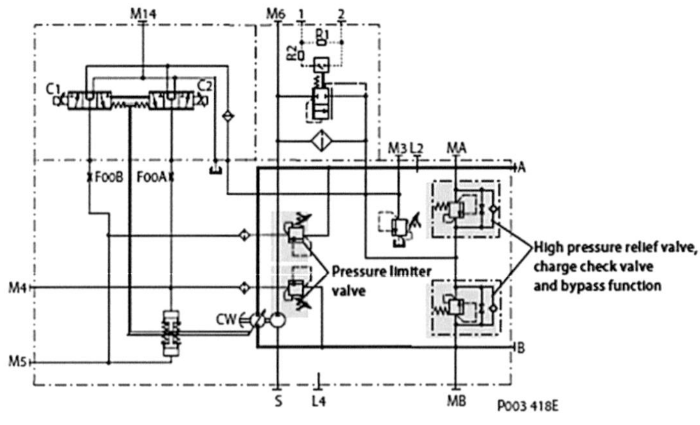

Abb. 5.15: *Systemdiagrammm einer Pumpe*

Nullhubventile schützen vor hohem Systemdruck, indem der Schwenkwinkel der Pumpe reduziert wird, wenn der eingestellte Druck (ca. 30-50 bar unterhalb der Hochdruckbegrenzung) erreicht wird. Auf diese Weise wird der Druck im System reduziert, ohne dass Wärme erzeugt wird. Die Pumpe kann bis nahezu in Neutralstellung zurück geschwenkt werden, so dass die Maschine anhält und lediglich der Druck im System aufrecht erhalten bleibt.

5.2.1.4 Motor

Der begrenzte Bauraum im Bereich von Rädern und Getrieben führt zu sehr kompakten, zum Teil integrierten Lösungen. Es haben sich Axialkolbenmotoren in Schrägachsenbauweise etabliert, die hohe Drehzahlen und Wirkungsgrade erlauben. Einige Motoren können auf 0° Schwenkwinkel gestellt werden und ermöglichen so innovative Antriebskonzepte, wie z. B. abschaltbare Antriebsachsen oder Anti-Schlupf-Regelungen.

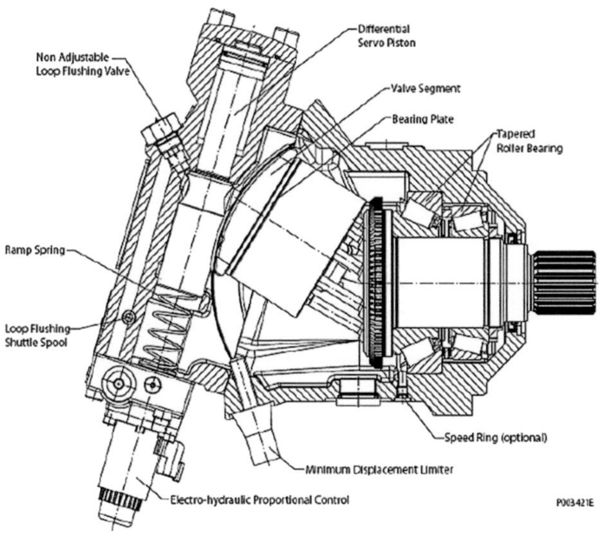

Abb. 5.16: *Hydrostatischer Schrägachsenmotor*

Das Drehzahldiagramm eines 110 cm^3 Motors in Schrägachsenbauweise zeigt die Drehahl in [rpm] über dem Schwenkwinkel in [%]. Der Motor kann bis auf 0° (= 0 %) zurück geschwenkt werden. Je kleiner der Schwenkwinkel, desto größer die erlaubte Drehzahl des Motors in der Anwendung. In dem Bereich zwischen Auslegungsdrehzahl und maximaler Drehzahl kann der Motor lediglich kurzfristig betrieben werden (= intermittent operation).

Die Verstellung von hydrostatischen Motoren wird zumeist über einen Steuerdruck erreicht, der aus dem Hochdruck des HSG über ein Wechselventil entnommen wird (= hochdruckverstellt). Dabei entscheidet die Orientierung des Endgehäuses zumeist über die Vorzugslage der Motorverstellung – d. h. ob der Motor ohne Steuersignal auf seinem minimalen oder maximalen Winkel steht. Die geschickte Auswahl der Vorzugslage ist Teil des Sicherheitskonzepts eines hydrostatischen Fahrantriebs.

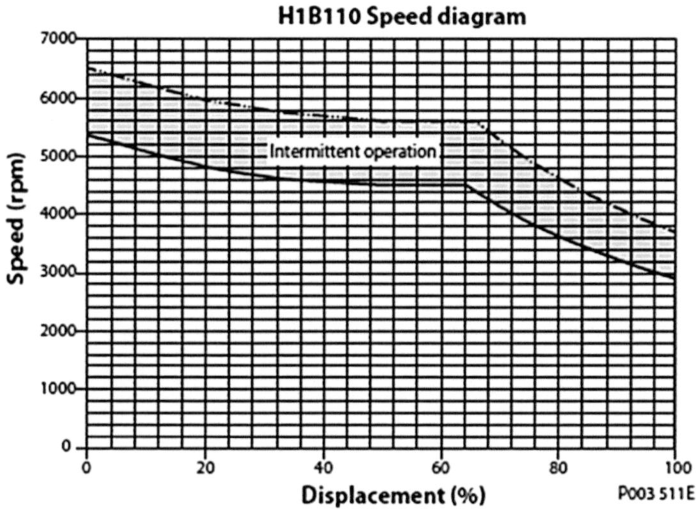

***Abb. 5.17:** Drehzahldiagramm eines Motors in Schrägachsenbauweise*

2-Punkt-Motor (hydraulisch & elektrisch)

In der einfachsten Ausführung wird der Motor über ein hydraulisches oder elektrisches Signal zwischen minimalen und maximalen Schluckvolumen umgestellt. Diese Verstellung ist unabhängig vom aktuellen Systemdruck (= lastunabhängig). Die elektronische 2-Punkt-Verstellung wird durch einen Schaltmagneten (C6) erreicht, der auf ein 2/3-Wegeventil wirkt, siehe **Abb. 5.18**. Die Kolbenseite der Motorverstellung wird wahlweise mit Steuerdruck oder Gehäusedruck verbunden. Die Ringseite der Motorverstellung ist immer mit dem Steuerdruck verbunden. Für die hydraulische Verstellung wird der Schaltmagnet (C6) durch einen Steuerdruck (z. B. Speisedruck) ersetzt.

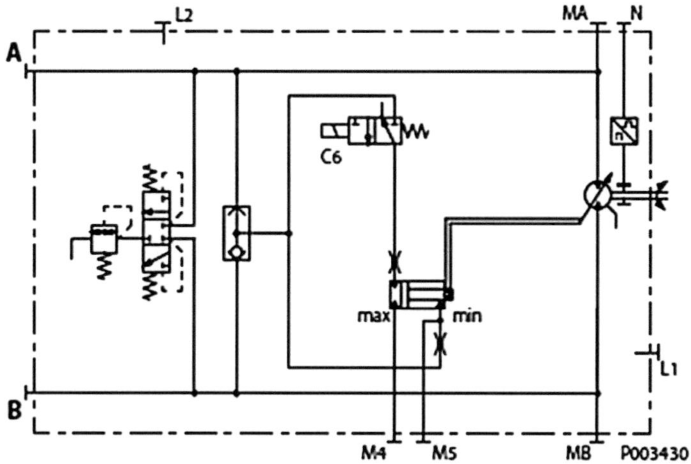

Abb. 5.18: *Elektrischer 2-Punkt Motor*

Elektrisch proportionaler Motor

In einer weiteren Ausführung wird der Motor über ein Signal kontinuierlich zwischen minimalem und maximalem Schluckvolumen verstellt. Der Motor kann durch die Veränderung eines Eingangssignals an die aktuelle Situation angepasst werden. Die elektrisch proportionale Verstellung wird durch einen Proportionalmagnet (C1) erreicht, der auf ein 2/3 Wegeventil wirkt, siehe **Abb. 5.19**. Zusätzlich wird die Position der Verstelleinrichtung des Motors über eine Feder als Kraft an das 2/3 Wegeventil gemeldet. Der Druck auf der Kolbenseite der Motorverstellung wird zwischen Steuerdruck und Gehäusedruck moduliert bis die Kraftbilanz am Ventilschieber erreicht ist. Der Magnet erhöht den Druck in der Kolbenkammer, während die Rückführfeder den Druck reduziert. Diese Verstellung des Motors ist unabhängig vom aktuellen Systemdruck (= lastunabhängig).

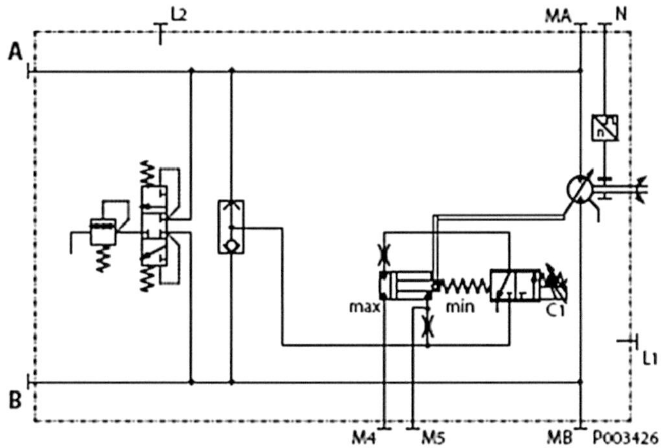

Abb. 5.19: *Elektrisch proportionale Motorverstellung*

Pressure Compensation Over Ride (PCOR)

Zur Erweiterung der Leistungsfähigkeit von Motoren in Fahrantrieben wurden lastabhängige Konzepte für die Motorsteuerung entwickelt. Dabei wird der Schwenkwinkel des Motors moduliert, um den Fahrdruck möglichst konstant zu halten. Diese Funktion wird „Pressure Compensation Over Ride (PCOR)“ genannt, weil das primäre Kommando durch eine druckbasierte Kompensation übersteuert wird. Der PCOR kann aktiv werden, wenn das primäre Signal den Motor auf minimalen Schwenkwinkel kommandiert – z. B. ein 2-Punkt Motor auf minimalem Schwenkwinkel (= hohe Fahrgeschwindigkeit). Wenn das Fahrzeug in einen beständig steiler werdenden Berg hinein fährt, dann steigt der Fahrdruck an. Der PCOR wird aktiv, wenn der Fahrdruck die eingestellte Druckgrenze erreicht. Der Motor schwenkt in Richtung größeres Schluckvolumen aus, um den Druck zu reduzieren – folglich verringert sich die Fahrgeschwindigkeit. Der Schwenkwinkel wird in Anhängigkeit vom Fahrdruck zwischen minimalem und maximalem Schluckvolumen moduliert. Auf diese Weise kann die hydrostatische Leistung optimal im gesamten Schwenkwinkelbereich des Motors genutzt werden. Der PCOR-Druck wird so eingestellt, dass der Dieselmotor voll ausgelastet wird. Der PCOR kann den Schwenkwinkel lediglich über das primäre Signal erhöhen. Wenn das primäre Signal den Motor bereits auf maximalen Schwenkwinkel kommandiert, wird der PCOR in keiner Situation aktiv. Der PCOR kann zusammen mit dem 2-Punkt Motor, sowie dem elektrisch proportionalen Motor als primäre Steuerung eingesetzt werden.

Brake Pressure Defeat (BPD)

Der für Fahrten unter Last sehr sinnvolle PCOR verhält sich, z. B. beim Bremsen, nachteilig, da ein Ausschwenken des Motor bei hohem Druck für noch mehr Bremswirkung und noch höheren Druck führen würde. Daher sollte der PCOR beim Einsatz in Fahrantrieben immer zusammen mit dem „Brake Pressure Defeat (BPD)“ appliziert werden.

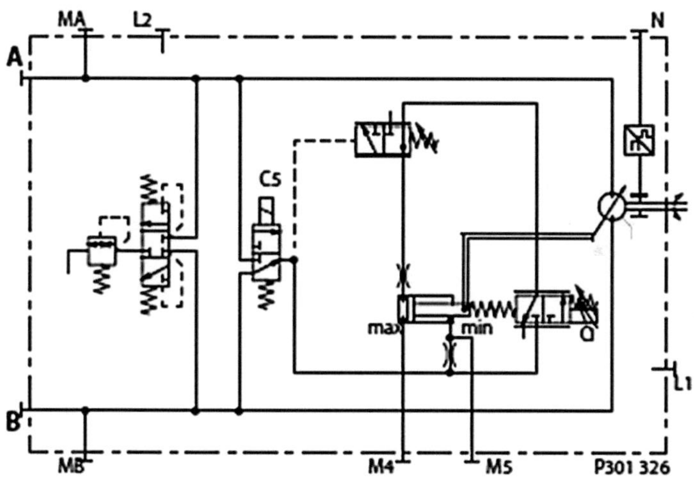

Abb. 5.20: *Elektrisch proportional mit PCOR & BPD*

Das durch einen Schaltmagneten (C5) gesteuerte BPD 2/3 Wegeventil ist vor dem PCOR Steuerventil angeordnet und stellt sicher, dass der PCOR lediglich auf hohen Fahrdruck – und nicht auf Bremsdruck – regelt.

5.2.2 Wirkungsgrad von Fahrantrieben

Einen ersten Einblick in das Verlustverhalten von HSG kann die folgende Abschätzung von Renius [Re04] für ein Getriebe mit sehr kurzen Rohrleitungen geben. Hat eine Schrägscheibenpumpe einen Bestwert im Wirkungsgrad von 91 % und ein Schrägachsenmotor einen solchen von 92 %, ergibt sich als Gesamtwirkungsgrad das Produkt 83,7 %. Zieht man davon 3 % für die Speisepumpe und die Strömungsverluste zwischen den Einheiten ab, verbleibt ein Restwert von etwa 81 %. Zu diesem Wert passt das Ergebnis einer Verlustanalyse für HSG [Re04.1], **Abbildung 5.21**.

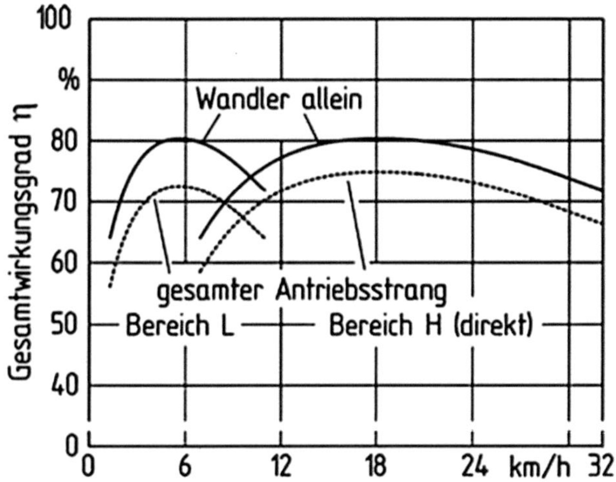

Abb. 5.21: *Wirkungsgrad HSG mit 2-Gang Getriebe [Re04]*

Reduzierte Schwenkwinkel von Pumpe und Motor sowie hoher Druck und hohe Drehzahl reduzieren diesen Wert. In Stufe L (= Low) liegen im Antriebsstrang 4 Zahnradstufen, in H (= High) dagegen nur 2 (Kegeltrieb und Endabtrieb). Dieses Niveau ist für viele Anwendungen von HSG bei mobilen Arbeitsmaschinen typisch. Vergleicht man diese Wirkungsgrade mit denen von HDW, sind deren Bestwerte z. T. etwas höher, dafür ist der Gesamtverlauf bei den HSG flacher und damit insgesamt vorteilhafter [Re04.1].

5.2.2.1 Modellierung des Verlustverhaltens

Für die Modellierung des Verlustverhaltens des HSG kann auf unterschiedliche Modellierungsverfahren aus der Literatur zurückgegriffen werden [Ko08]. Der polynombasierte Ansatz „Polymod“ von Ivantysyn und Ivantysynova hat sich als besonders herausgestellt. Es handelt sich um eine rein mathematische Abbildung zuvor gemessener Verlustkennfelder. Es werden Volumenstromverlust Q_V und Momentverlust M_V in Abhängigkeit von den Betriebsparameter Drehzahl n, Druckdifferenz p und Schwenkwinkel V_i berechnet.

$$Q_V = \sum_{i=0}^{f_1} \sum_{j=0}^{f_2} \sum_{k=0}^{f_3} K_{Q,kji} \cdot n^i \cdot V_i^j \cdot \Delta p^k \tag{5.4}$$

$$M_V = \sum_{i=0}^{f_1} \sum_{j=0}^{f_2} \sum_{k=0}^{f_3} K_{M,kji} \cdot n^i \cdot V_i^j \cdot \Delta p^k \tag{5.5}$$

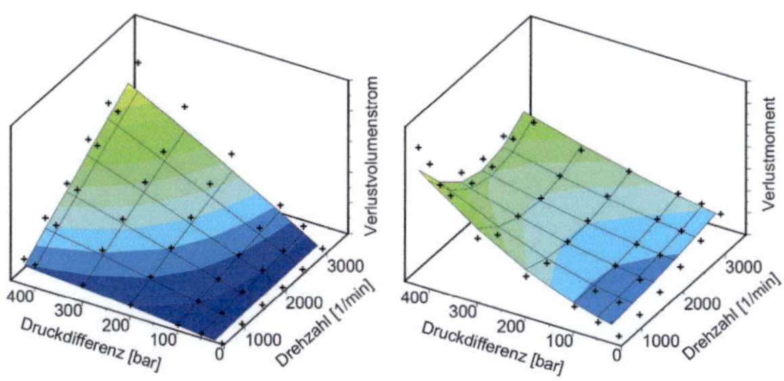

Abb. 5.22: *Datenpunkte und Polymod bei 50 % Winkel*

Darüber hinaus können auch das tatsächliche Verdrängungsvolumen V als Basis für die Bestimmung der theoretischen Werte für Volumenstrom Q_{th}

und Drehmoment M_{th} und die Verlustleistung über zusätzliche Polynome abgebildet werden. **Abbildung 5.22** zeigt beispielhaft gemessene Betriebspunkte einer Axialkolbeneinheit in Abhängigkeit von den Betriebsparametern sowie die Oberfläche des berechneten Polynoms aus dem Verlustmodell.

5.2.2.2 Regeln zur Verlustleistung

Das Verlustverhalten eines HSG kann während der Auswahl der Komponenten und der Entwicklung der Maschinensteuerung beeinflusst werden. Es gelten folgende Empfehlungen zur Reduzierung der Verluste [Re04.1]:

- Primär- und Sekundärverstellung einsetzen
- Einheiten mit großen Schwenkwinkeln bevorzugen
- Zumindest die Motoren in Schrägachsenbauweise wählen
- Schluckvolumen des Motors größer als das der Pumpe
- Mäßige Eingangsdrehzahlen einplanen
- Dauerdrücke über 200 - 250 bar vermeiden (+ Lebensdauer)
- Druckabschneidung durch Pumpe (statt DBV) vorsehen
- Strömungs- und Eintauchverluste messen & optimieren
- Speisekreislauf optimieren (Volumenstrom & Druck)
- Zusätzliche Getriebestufen vorsehen

Weitere Verbesserungen lassen sich durch den Einsatz von LVG erreichen. Dabei werden die Verluste reduziert, indem der hydrostatische Leistungsanteil reduziert oder die Drehzahlen einzelner Komponenten des HSG reduziert werden – z. B. die Drehzahl der Pumpe.

5.2.3 Strukturen

HSG kommen in unterschiedlichen Ausprägungen als Fahrantrieb in mobilen Arbeitsmaschinen zum Einsatz. Die wichtigsten Variationsmöglichkeiten sind aus **Abbildung 5.23** ableitbar.

Als Ansatzpunkte für alternative Strukturen können genannt werden:

- Schwenkwinkelverstellung (primär, sekundär, kombiniert)
- Integration (HSG alleine oder mit Stufengetriebe)
- Anzahl von Komponenten (z. B. 2 Pumpen oder 4 Motoren)
- Konstruktives Gesamtkonzept (kompakt oder aufgelöst)

Die Kombination eines HSG mit einen Stufengetriebe hat Vorteile bezüglich des Wandlungsbereichs und des gesamt Wirkungsgradverlaufs. Die aufgelöste Bauweise mit Motoren in Radnähe bietet hohe räumliche Flexibilität, macht jedoch Stufengetriebe schwierig. Umschaltbare Radmotoren – z. B. Radialkolbenmotoren – ermöglichen eine mehrstufige Funktion des Fahrantriebs. Der Pumpenvolumenstrom teilt sich flexibel auf die Motoren auf, so dass in aufgelöster Bauweise eine Differenzialwirkung zwischen Rädern und Achsen entsteht. Eine aktive Sperrung dieser Funktion – wenn erforderlich – kann durch eine Entkopplung mehrerer Kreise oder durch Drosselung erreicht werden. Elektronische Konzepte ermöglichen eine Abtastung der Raddrehzahlen zum aktiven Verstellen von Komponenten, so dass keine zusätzlichen Komponenten erforderlich sind

5.2.4 Steuerung hydrostatischer Fahrantriebe

Der Maschinenbediener erwartet einen leistungsstarken Fahrantrieb, der, wenn es erforderlich ist, den Dieselmotor voll auslastet und wenn möglich hilft den Kraftstoffverbrauch zu senken. Der Dieselmotor muss vor Überlast, aber auch vor zu hohen Drehzahlen geschützt werden. Für die Umsetzung des gewünschten Maschinenverhaltens stehen dem Entwickler hydrostatische Komponenten mit unterschiedlichen Eigenschaften zur Verfügung. In automotiven Fahrantrieben wurde traditionell eine hydro-mechanische Steuerung eingesetzt, die hydraulisch verstellbare Komponenten integriert

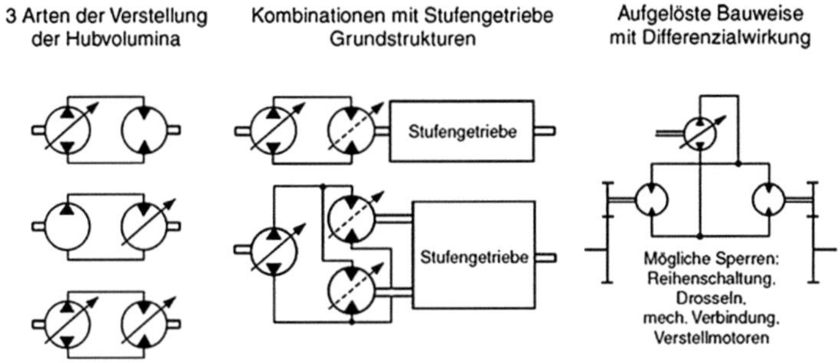

Abb. 5.23: *Strukturen stufenloser HSG [Re04.1]*

hat. Neuentwicklungen setzen heute zumeist mechatronische Steuerungen mit elektronsichen Steuergeräten und elektronisch verstellbaren Komponenten ein. Grundsätzlich lassen sich hydrostatische Fahrantriebe in die Klassen „lastabhängig“ und „lastunabhängig“ unterscheiden. Das gewählte Steuerungskonzept hängt von den Rahmenbedingungen der Anwendung ab. In lastabhängigen Antrieben könnten NFPE Pumpen mit PCOR übersteuerten 2-Punkt Motoren zum Einsatz kommen. In lastunabhängigen Antrieben könnten EDC Pumpen mit elektrisch proportionalen Motoren betrieben werden.

5.2.5 Auslegung hydrostatischer Antriebe

Die Auslegung hydrostatischer Antriebe lässt sich in die folgenden Schritte unterteilen:

- Zusammenfassung der Anforderungen an den Fahrantrieb
- Festlegen der erforderlichen Zugkraft
- Ermitteln der Eckleistung für die mobile Arbeitsmaschine
- Konstant- oder Verstellmotor
- Motorauswahl
- Auswahl des Endabtriebs

- Pumpenauswahl
- Festlegung des minimalen Motorvolumens (Verstellmotor)

Die Reihenfolge macht klar, dass die Auslegung von der Abtriebsseite des HSG beginnt. Zunächst wird das Getriebekonzept und der geeignete Motor ausgewählt – im Anschluss die Pumpe.

5.2.5.1 Zusammenfassung der Anforderungen

Bevor die Auslegung eines hydrostatischen Fahrantriebs möglich ist muss der Kunde alle Anforderungen definieren. Diese Anforderungen bestehen aus:

- Maschinengewicht
- Leistungs- und Drehmomentprofile des Dieselmotors
- Raddurchmesser (statisch und/oder dynamisch)
- Erwartete Steigfähigkeit
- Maximale Fahrgeschwindigkeit (Arbeit / Transport)
- Drucklimitierungen
- Informationen über den Lastzyklus Lebensdauer
- Mögliche Übersetzungen im Endabtrieb

5.2.5.2 Festlegung der erforderlichen Zugkraft

Die maximal erreichbare Zugkraft F_{TR} ist eine wichtige Eigenschaft für Fahrantriebe und kann entweder als Teil der Anforderungen durch den Kunden vorgegeben werden oder muss gesondert ermittelt werden.

Die Zugkraft F_{TR} ist die erforderliche Kraft, um die mobile Arbeitsmaschine gegen die wirkenden Fahrwiderstände zu bewegen und setzt sich zusammen aus:

- Rollwiderstand F_{RR} mit Gewicht, Gravitation und Widerstandsbeiwert f_{RR} – $F_{RR}\,[N] = m\,[kg] \cdot g\left[\frac{m}{s^2}\right] \cdot f_{RR}$

- Steigwiderstand F_{GR} mit Gewicht, Gravitation und Steigung in [°] oder [%] – $F_{GR}\,[N] = m\,[kg] \cdot g\,\left[\frac{m}{s^2}\right] \cdot \sin\alpha$
- Beschleunigungswiderstand F_{AR} mit Gewicht und geforderter Beschleunigung – $F_{AR}\,[N] = m\,[kg] \cdot a\,\left[\frac{m}{s^2}\right]$
- Luftwiderstand kann bei den Geschwindigkeiten bis ca. 40 km/h vernachlässigt werden.

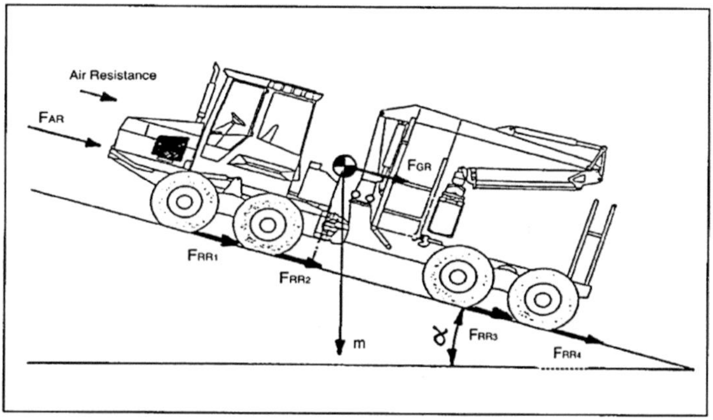

Abb. 5.24: *Maschine am Hang mit Widerstandskräften*

Die erforderliche Zugkraft F_{TR} ergibt sich aus der Summe der bestimmbaren Einzelkräfte. Die maximale Zugkraft ist durch den Grenzwert der Reibung zwischen Rad und Boden limitiert.

5.2.5.3 Maschineneckleistung

Als erster Schritt im Auslegungsprozess muss der abstrakte Wert der Eckleistung P_C für die Maschine bestimmt werden.

Dieser Wert ermöglicht eine Abschätzung der erforderlichen Komponenten und Getriebestruktur. Die Eckleistung P_C wird als Produkt von maximaler Fahrgeschwindigkeit v_{max} und maximaler Zugkraft F_{TR} einer mobilen Arbeitsmaschine gebildet.

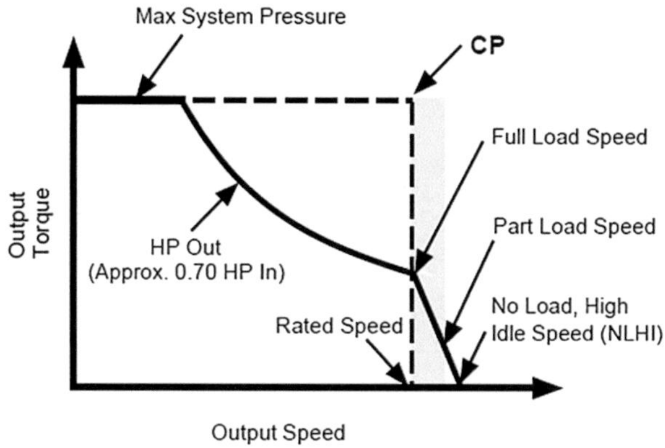

Abb. 5.25: *Bestimmung der Eckleistung eines Fahrantriebs*

$$P_C[kW] = \frac{v_{max}[\frac{m}{s}]F_{TR}[kN]}{\eta_{FD}} \tag{5.6}$$

Wird die Eckleistung der Maschine durch den Wirkungsgrad η_{FD} des Endabtriebs geteilt, so ergibt sich die erforderliche Eckleistung des hydrostatischen Fahrantriebs.

5.2.5.4 Konstant- oder Verstellpumpe

Die Eckleistung einer Maschine dient als Grundlage für die Bestimmung der erforderlichen effektiven Getriebeübersetzung. Diese ergibt sich aus dem Verhältnis von erforderlicher Eckleistung P_C zu abgegebener Ausgangsleistung P_{out}. Das Ergebnis ermöglicht die Abschätzung der benötigten hydrostatischen Übersetzung TR. Die Ausgangsleistung kann mit 70 % der zur Verfügung stehenden Dieselleistung angenommen werden.

$$TR = \frac{P_C}{P_{out}} = \frac{P_C}{P_{Diesel} \cdot 70\ \%} \tag{5.7}$$

Richtlinien für die Wahl von Konstant- oder Verstellmotor:

- Wenn TR < 2 dann Konstantmotor
- Wenn TR zwischen 2 und 4 dann sollten beide Optionen ausgewertet werden (Konstant- oder Verstellmotor)
- Wenn TR > 4 dann Verstellmotor
- Wenn TR > 12 dann ist ein mehrstufiges Getriebekonzept erforderlich.

5.2.5.5 Motorauswahl

Bestimme die Eckleistungen P_{CM} der zur Verfügung stehenden Motoren zum Abgleich mit der Eckleistung P_C der Maschine. Dabei sollten die angenommene Drehzahlen und Drücke mit Rücksicht auf die geforderte Lebensdauer gewählt werden. Das Ziel ist es, dass die Eckleistung P_{CM} des Motors über der Eckleistung P_C der Maschine liegt.

Die Eckleistung P_{CM} eines Motors wird aus dem Drehmoment M_{max} bei maximalem Systemdruck und der maximalen Auslegungsdrehzahl n_{max} berechnet.

$$P_C[kW] = \frac{M_{max}[Nm] \cdot \omega[rad/s]}{1000} \tag{5.8}$$

5.2.5.6 Auswahl der Übersetzung des Endabtriebs

Nachdem der am besten geeignete Motor ausgewählt wurde, kann nun die erforderliche Übersetzung des Endabtriebs bestimmt werden. Dabei besteht eine Limitierung durch die am Markt erhältlichen Übersetzungen von Getrieben und Achsen. Für die Berechnung wird das Drehmoment des Motors bei maximalem Druck mit der erforderlichen Zugkraft abgeglichen.

$$i_{FD} = \frac{F_{TR}[kN] \cdot r_{Wheel}[m] \cdot \pi \cdot 20.000}{V_M[cc] \cdot \triangle p_{max}[bar] \cdot \eta_{hm,M} \cdot \eta_{FD}} \tag{5.9}$$

Dabei kommen Annahmen für den hydraulisch-mechanischen Wirkungsgrad des Motors $\eta_{hm,M}$ (z. B. 0,95) und den Wirkungsgrad des Endabtriebs η_{FD} (z. B. 0,85) zum Einsatz. Der berechnete Wert stellt die erforderliche Endübersetzung dar, die mindestens erforderlich ist, um die Zugkraftforderung zu erfüllen. Basierend auf den am Markt erhältlichen Übersetzungen für Getriebe und Achsen findet anschließend die Komponentenauswahl statt – die resultierende Endübersetzung sollte nicht unterhalb des ermittelten Wertes liegen. Abschließend sollte auf Basis der ausgewählten Übersetzungen eine Kontrollrechnung für die Motordrehzahl bei maximaler Fahrgeschwindigkeit durchgeführt werden.

5.2.5.7 Auswahl der Pumpe

In Fahrzeugen mit mehreren Hydrauliksystemen kommt es vor, dass die Pumpen über ein gemeinsames Verteilergetriebe angetrieben werden. In diesem Fall kann die Drehzahl der Pumpe leicht angehoben werden, um mehr Volumenstrom und ein somit geringeres Druckniveau zu erreichen – das Fördervolumen der Pumpe kann dann zumeist kleiner gewählt werden. Die Pumpenauswahl muss garantieren, dass die Volumenstromerwartungen der Motoren im System erfüllt werden. Die Berechnung nimmt an, dass die erwartete Motordrehzahl bei maximalem Schwenkwinkel – z. B. für den Baustelleneinsatz – bekannt ist. Die volumetrischen Wirkungsgrade von Pumpe und Motor können mit 0,95 angenommen werden.

$$V_{Pumpe}[cc] = \frac{V_{Motor@100\%}[cc] \cdot n_{Motor@100\%}[min^{-1}]}{\eta_{vol,P} \cdot \eta_{vol,M} \cdot n_{Pumpe}[min^{-1}]} \tag{5.10}$$

Ist die Motordrehzahl nicht bekannt, so kann die Auswahl auch über den zu erwartenden kontinuierlichen Fahrdruck $\triangle p_{konst}$ erfolgen. Dabei wird ein Fahrdruck angenommen und anschließend das Fördervolumen V_{Pumpe} berechnet, das erforderlich ist, um das komplette Moment des Dieselmotors M_{Diesel} aufzunehmen.

$$V_{Pumpe}[cc] = \frac{M_{Diesel}[Nm] \cdot \eta_{hm,P} \cdot 20 \cdot \pi}{\triangle p_{konst}[bar]} \tag{5.11}$$

Das Fördervolumen der ausgewählten Pumpe sollte eher größer– und nicht kleiner – als der berechnete Wert sein. Es sollte sichergestellt sein, dass die Drehzahl eine hohe Lebensdauer der Pumpe erlaubt.

5.2.5.8 Festlegung des minimalen Motorvolumens

Bei verstellbaren Motoren muss sichergestellt werden, dass weder bei maximalem noch bei minimalem Schwenkwinkel zu hohe Drehzahlen auftreten. Ist die maximal erforderliche Drehzahl $n_{Motor,max}$ des Motors bekannt, so kann das minimale Schluckvolumen basierend auf Pumpenvolumen V_{Pmp}, Pumpendrehzahl n_{Pmp} und volumetrischen Wirkungsgraden von Pumpe und Motor ($\eta_{vol,P}$ und $\eta_{vol,M}$) bestimmt werden.

$$V_{Motor,min}[cc] = \frac{V_{Pmp}[cc] \cdot \eta_{Pmp,max}[rpm] \cdot \eta_{vol,P} \cdot \eta_{vol,M}}{\eta_{Motor,max}[rpm]} \tag{5.12}$$

Dabei muss sichergestellt werden, dass der Motor innerhalb seiner Betriebsgrenzen betrieben wird. Vor allem bei der Bergabfahrt, wenn der Dieselmotor in den hohen Leerlauf geht und die volumetrischen Wirkungsgrade sich im hydrostatischen Getriebe umkehren, kann es zu Überdrehzahlen kommen. Das sollte bei der Auslegung berücksichtigt werden.

6 Zubehör

In dem abschließenden Kapitel des zweiten Teils werden für die Ölreinheit notwendige Filterkomponenten und Filtersysteme vorgestellt, sowie für die Nebenfunktionen notwendige Ventilsysteme. Beispielhafte Filterkonzepte für verschieden mobile Arbeitsmaschinen komplettieren den Inhalt dieses Abschnittes.

6.1 Kühlung, Kontamination und Filtration

Autor: Dr.-Ing. A. Schmidt, Fa. Hydac Filtertechnik

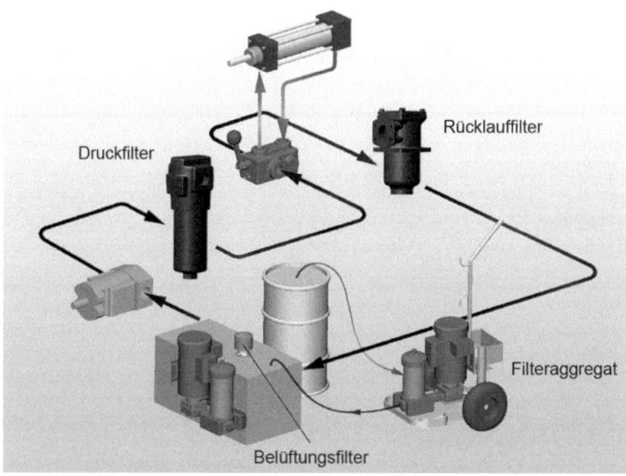

Abb. 6.1: *Einbauorte von Filtergehäusen*

In Hydrauliksystemen gibt es viele verschiedene Arten von Filtern, die nach ihrem Einbauort oder ihrer Funktion benannt werden. Druckfilter

z. B. liegen im Hauptstrom der Anlage (nach der Pumpe) und unterliegen besonderen Anforderungen an ihr Gehäuse durch den dort höheren Druck. Ein Rücklauffilter hingegen liegt am Rücklauf der Anlage zum Tank und ist dort keinem hohen Druck ausgesetzt, kann also in einer leichteren Gehäuseausführung eingebaut werden. Im nachfolgenden Kapitel werden nun die einzelnen Filtergehäuse und Einsatzorte der Filter vorgestellt.

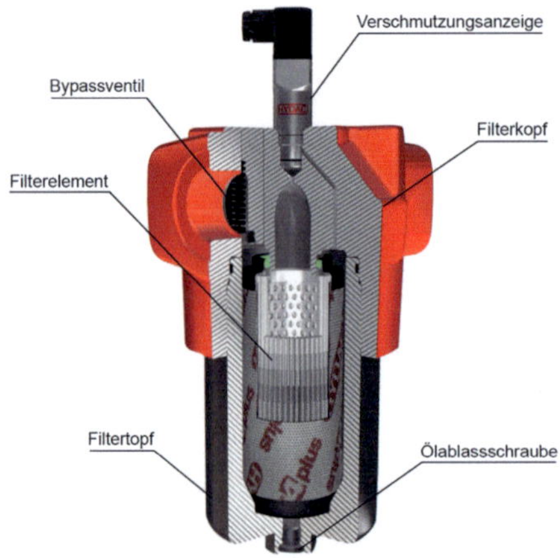

Abb. 6.2: *Filtergehäuse mit Element (DF330)*

Das Filterelement kommt in den Druckbehälter bzw. das Filtergehäuse. Das Filtergehäuse besteht aus einem Filterkopf und einem Filtertopf. Der Kopf des Gehäuses beinhaltet den Einlass und den Auslass zur Verbindung mit dem Hydrauliksystem. Das Filtergehäuse kann außerdem noch mit einem Bypassventil und einer Verschmutzungsanzeige ausgestattet sein.

6.1.1 Hauptstromfilter

Sie filtern die Hydraulikflüssigkeit, die sich im eigentlichen Hydraulikkreis befindet. Als Hauptstromfilter werden Saug-, Druck-, Rücklauf- und Belüftungsfilter eingesetzt.

Saugfilter

Sie sind auf der Pumpensaugseite eingebaut. Ihre Aufgabe ist es, die Grobverschmutzung von der Hydraulikpumpe fernzuhalten. Damit Kavitationsschäden an der Hydraulikpumpe vermieden werden, können diese Filter nur mit groben Siebelementen ausgestattet werden. Außerdem muss ein Unterdruckschalter zwischen Pumpe und Filter installiert werden, der die Pumpe bei einem bestimmten Unterdruck ausschaltet. Aufgrund der geringen Druckdifferenz ist eine Feinfiltration mit Saugfilter nur bedingt möglich. Daher werden Saugfilter nur dort eingesetzt, wo durch sehr grobe Verunreinigungen mit einem Pumpenschaden zu rechnen ist, z. B. in der Mobilhydraulik, wenn die Arbeitshydraulik, die Schmierung der Schaltgetriebe und der Fahrantrieb aus einem gemeinsamen Tank mit Hydraulikflüssigkeit versorgt werden. Der Verschleißschutz bei den Komponenten muss durch feinere Filter im Hydrauliksystem gewährleistet werden. Saugfilter sind nicht geeignet, den für den wirtschaftlichen Betrieb der Anlage notwendigen Komponentenschutz sicherzustellen.

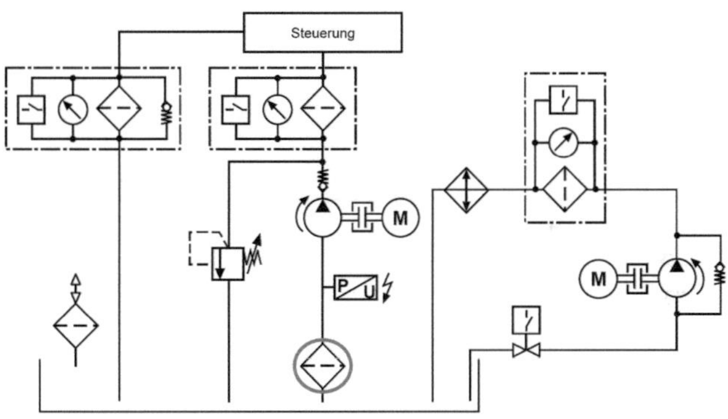

Abb. 6.3: *Einbauort Saugfilter*

Druckfilter/Leitungsfilter

Druckfilter werden hinter der Systempumpe installiert und sind auf den Systemdruck und auf den Volumenstrom in der Druckleitung, in der sie installiert sind, ausgelegt. Druckfilter eignen sich besonders zum Schutz empfindlicher, unmittelbar hinter dem Filter befindlicher Bauteile wie z. B. Servoventile.

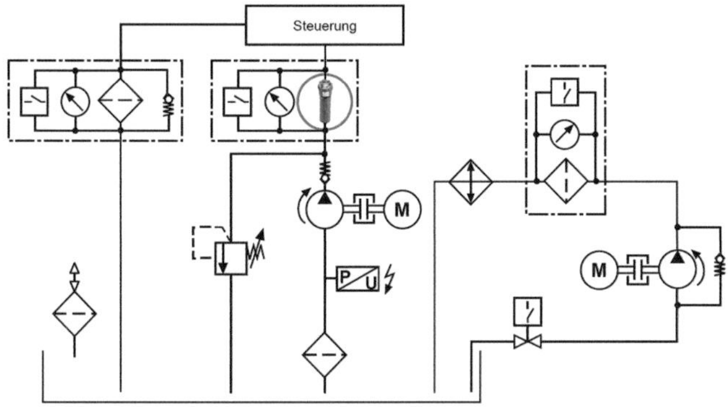

Abb. 6.4: *Einbauort Druckfilter/Leitungsfilter*

Sie haben dem maximalen Systemdruck standzuhalten, wobei in vielen Fällen infolge häufiger Druckspitzen im System auch die Dauerfestigkeit gewährleistet sein muss. Druckfilter sollten grundsätzlich mit einer Verschmutzungsanzeige ausgestattet sein. Vor besonders kritischen Komponenten sollten nur Leitungsfilter ohne Bypassventil verwendet werden. Derartige Filter müssen mit einem Filterelement ausgerüstet sein, das selbst höheren Differenzdruckbelastungen standhält, ohne Schaden zu nehmen. Die Filtergehäuse müssen dem maximalen dynamischen Systemdruck standhalten.

Der Einsatz von Druckfiltern ist besonders dann zu empfehlen, wenn

- die Komponenten besonders schmutzempfindlich sind (z. B. Servo– und Proportionalventile, Stromregler).
- die Komponenten für die Funktion des Gesamtsystems besonders wichtig sind.
- die Komponenten sehr teuer sind (z. B. große Hydraulikzylinder).
- die Komponenten für die Sicherheit eines Gerätes verantwortlich sind.

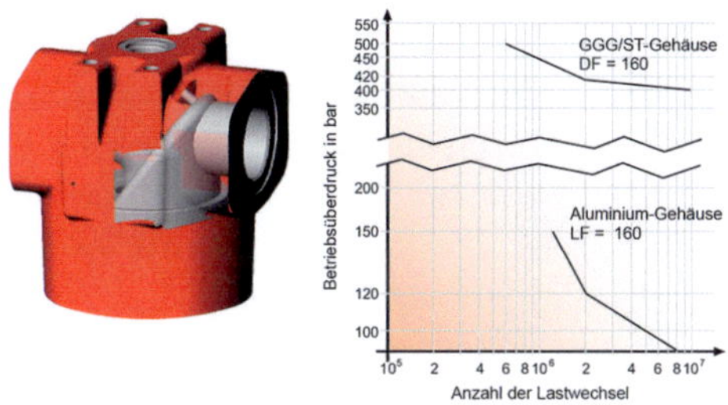

Abb. 6.5: *Strömungsoptimierter Filterkopf (links) und Bauteil-Wöhlerlinie, Gehäusewerkstoff mit einer hohen Ermüdungsfestigkeit (rechts)*

Die Bauformen sind durch die unterschiedlichen Ein- und Anbaumöglichkeiten im Bereich der Filterköpfe sehr verschieden. Sie reichen von Köpfen mit einfachen Gewindebohrungen für den Rohrleitungseinbau bis zu Köpfen mit integrierten Gleichrichterschaltungen. Allein das Funktionsprinzip ist gleich. Die Flüssigkeit durchströmt den Kopf, gelangt in den Filtertopf und durchströmt das Filterelement von außen nach innen, um dann über den Filterkopf wieder in das System zu gelangen. Durch die Einbaumöglichkeit als Zwischenplatte in einem Verkettungssystem ergibt sich auch die Möglichkeit, empfindliche Stetigventile durch die Filtration des Aufstroms gezielt vor Verschmutzung zu schützen. Umschaltbare Doppelfilter finden überall dort Verwendung, wo ein Abschalten der Hydraulik zum Filterelementwechsel nicht möglich oder unökonomisch ist.

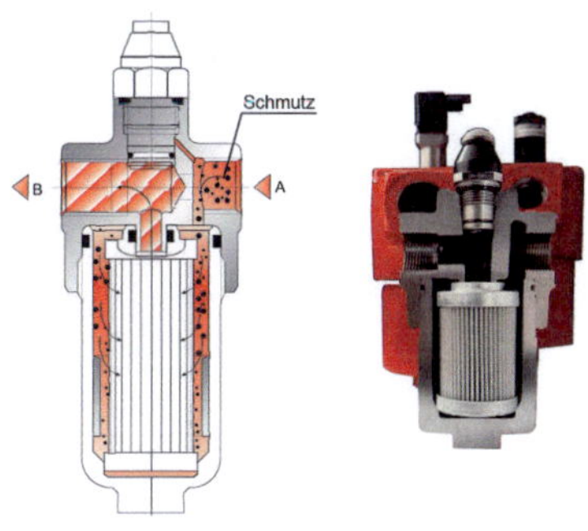

Abb. 6.6: *Schnittbild eines Druckfilters*

Filter mit Bypassventil

Bei allen Filtern können zu hohe Differenzdrücke am Filterelement zu einem Rückstau in der Leitung führen und somit zu Fehlschaltungen an Ventilen, reduzierter Kraft im Arbeitszyklus, sowie Beschädigung der Dichtung. Bei Druckfiltern ist das Bypassventil als Option zu erhalten und bei Rücklauffiltern ist dies Standard.

Die in Filtern eingesetzten Bypassventile haben folgende Aufgaben:

- Durch Verstopfung des Elements in Folge Verunreinigung oder durch höhere Viskosität der Hydraulikflüssigkeit bei Kaltstart kann ein hoher Differenzdruck entstehen
- Verhinderung von Fehlschaltungen im Hydrauliksystem
- Verhinderung des Filterelementdifferenzdruckes

Bei der Installation von Bypassventilen muss folgendes beachtet werden:

- Bei Öffnen des Bypassventils wird die Filterwirkung verringert. Bei ganz geöffnetem Bypassventil wird sie ausgeschaltet, dabei ist der Schutz der Hydraulikkomponenten nicht mehr gewährleistet
- Die Installation von Verschmutzungsanzeigen ist zwingend notwendig, damit die Wartung der Filter rechtzeitig erfolgen kann
- Das Austauschen der Filterelemente muss sofort nach Ansprechen der Verschmutzungsanzeige erfolgen

Rücklauffilter

Rücklauffilter sitzen in der Rücklaufleitung als Leitungsfilter oder als Behälteranbaufilter auf dem Tank bzw. als Tankeinbaufilter im Tank. Dies bedeutet, dass die Druckflüssigkeit vom System kommend gefiltert in den Behälter zurückfließt. Damit werden alle Schmutzpartikel aus der Druckflüssigkeit gefiltert, die in das System eindringen oder im System erzeugt werden, bevor sie in den Behälter gelangen. Bei der Auswahl der richtigen Filtergröße muss der maximal mögliche Volumenstrom berücksichtigt werden. Dieser Volumenstrom kann beim Einsatz von Differentialzylindern oder Hydraulikspeichern wesentlich größer sein als der installierte Volumenstrom der Pumpe. Damit eine mögliche Flüssigkeitsverschäumung im Behälter vermieden wird, ist unbedingt darauf zu achten,

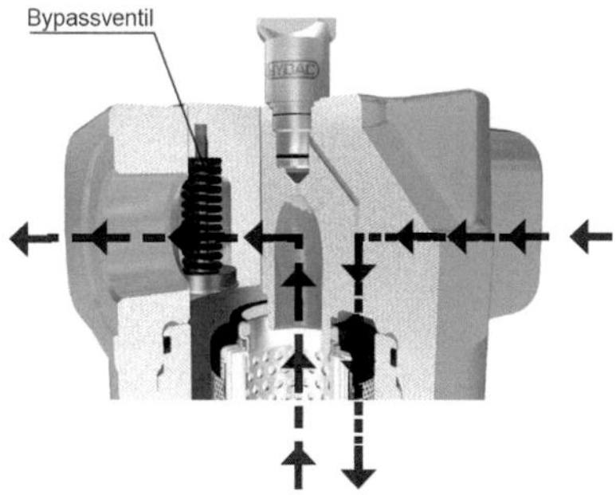

Abb. 6.7: *Bypassventil*

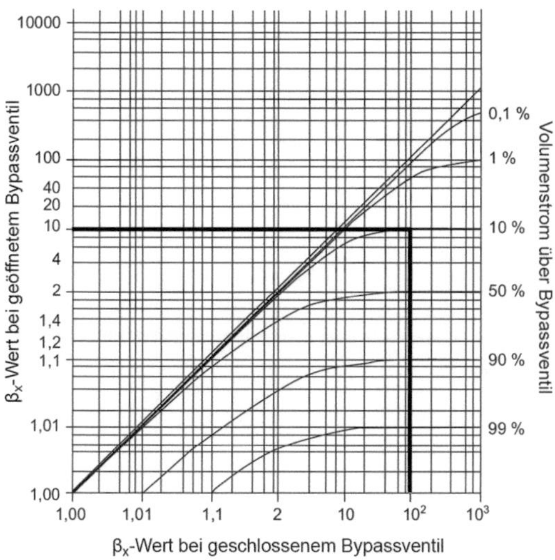

Abb. 6.8: *Volumentstrom über Bypassventil*

dass der Flüssigkeitsaustritt aus dem Filter unter allen Betriebsbedingungen immer unterhalb des Flüssigkeitsspiegels liegt. Eventuell ist die Installation eines Rohres oder Volumenstromdiffusors im Filterauslauf notwendig.

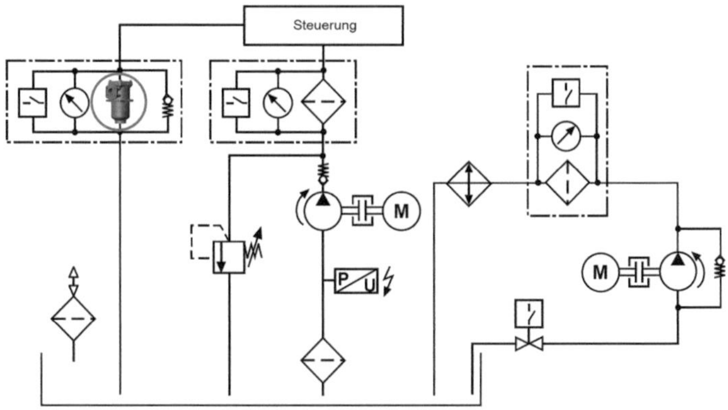

Abb. 6.9: Einbauort Rücklauffilter

Es ist zu beachten, dass der Abstand zwischen Behälterboden und Rohrende nicht geringer als das zwei- bis dreifache des Rohrdurchmessers ist. Bei den Rücklauffiltern gibt es unterschiedliche Bauformen. Die Palette reicht von umschaltbaren Doppelfiltern bis zu einfachen Filtergehäusen für den Tankeinbau. Die Funktionsweise entspricht der des Druckfilters. Lediglich wird bei Rücklauffiltern in der Regel ein Bypassventil verwendet, um die Anlage vor zu hohen Staudrücken zu schützen. Rücklauffilter können mit Belüftungsfilter als Zusatzausrüstung eingesetzt werden.

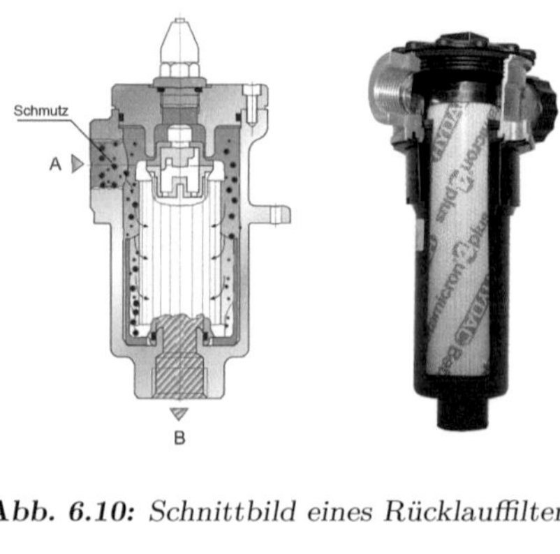

Abb. 6.10: *Schnittbild eines Rücklauffilters*

Rücklauf-Saugfilter

Rücklauf-Saugfilter eignen sich in idealer Weise für den Einsatz in Geräten mit zwei oder mehr Kreisläufen. Insbesondere in mobilen Arbeitsmaschinen mit hydrostatischen Antrieben (z. B. Radlader, Stapler, Erntemaschinen) ist dieser Filter „Erste Wahl“, wenn unter Betriebsbedingungen die Rücklaufmenge größer ist als die Menge, die saugseitig benötigt wird.

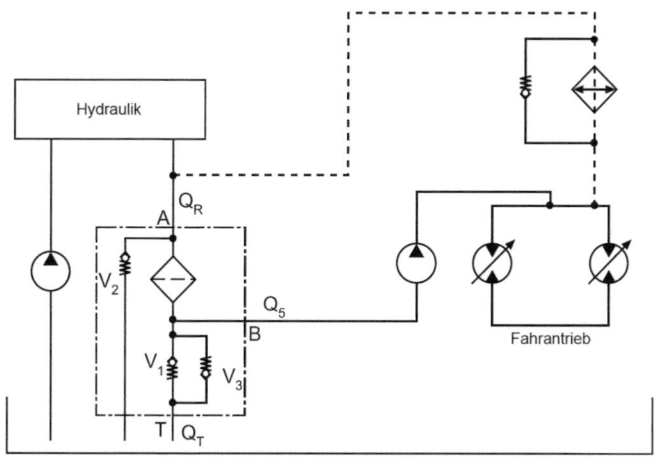

***Abb. 6.11:** Einbauort Rücklauf-Saugfilter*

Der Rücklaufvolumenstrom Q_R wird über einen oder mehrere Eintritte „A“ dem Filterelement zugeführt. Nach Durchströmen des Filterelementes von außen nach innen (Reinigungsprozess) wird aufgrund des Vorspannventils „V_1“ im Innern des Elementes ein Überdruck von 0,5 bar aufgebaut, der das Saugverhalten der in „B“ angeschlossenen Pumpen (z. B. Speisepumpe) nachhaltig, im speziellen beim Kaltstart, unterstützt. Die Kavitationsgefahr wird stark reduziert. Die Überschussmenge gelangt über „T“ zum Tank. Der Anstieg des Staudruckes wird durch das Druckbegrenzungsventil „V_2“ begrenzt. Ein Teilvolumenstrom passiert das Element direkt zum Tank. Aufgrund dieser Ventilanordnung gelangt im Betrieb ausschließlich feinstgefiltertes Öl zum Sauganschluss. Der flache Anstieg der Ventilkennlinie trägt mit dazu bei, dass der Staudruck in den Rücklaufleitungen auch bei hohen Viskositäten ausreichend niedrig bleibt. Über das optionale Ventil „V_3“ kann kurzzeitig Öl aus dem Tank nachgesaugt werden, z. B. Erstbefüllung, Entlüftung nach Elementwechsel. Wird neben der Menge des offenen Kreislaufes auch das Lecköl, meist hoch verschmutzt, aus dem hydrostatischen Antrieb über den Filter geführt, ist zum Schutz der Radial-Wellendichtringe zu beachten, dass der zulässige Leckköldruck unter Berücksichtigung des Druckverlustes der Leckölleitungen, des Ölkühlers und des Druckbegrenzungsventils am Filter nicht überschritten wird.

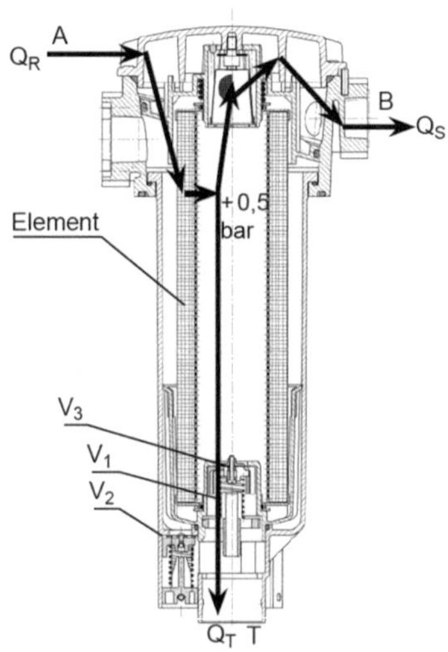

Abb. 6.12: *Funktion des Rücklauf-Saugfilters*

Ganz besonders vorteilhaft sind die Rücklauf-Saugfilter, wenn sie mit einem integrierten Thermo-Kühlerbypassventil ausgestattet sind. In die Zulaufleitung des Kühlers wird eine Verbindung zum Thermoventil verschlaucht. Während des Kaltstarts erlaubt die Position des Kolbens im Thermoventil den Zulauf direkt zum Filterelement. In betriebswarmem Zustand ist das Thermoventil geschlossen, d. h. das heiße Öl wird über den Kühler geführt.

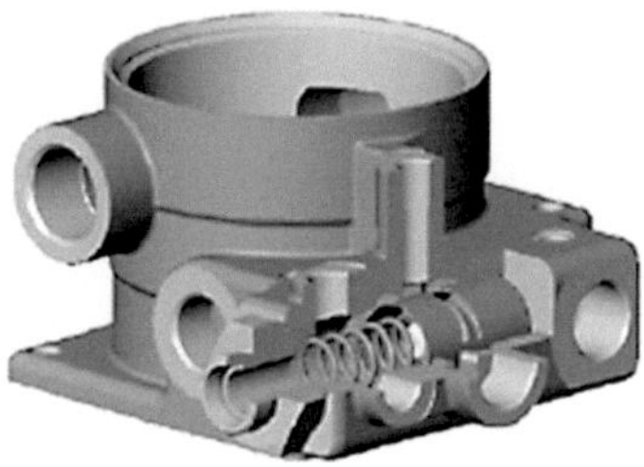

Abb. 6.13: *Thermo-Kühlerbypassventil*

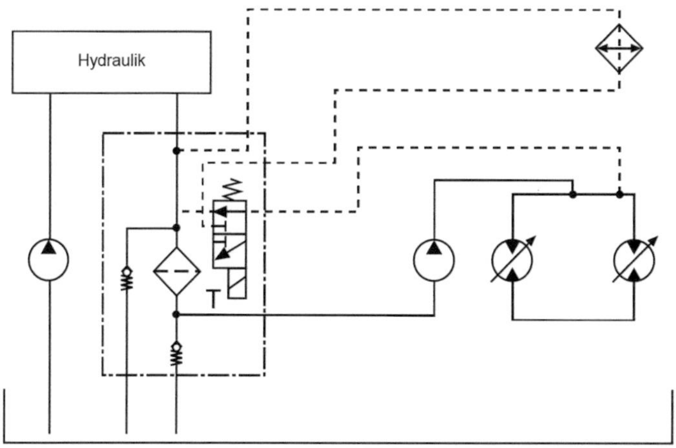

Abb. 6.14: *Einbauort eines Thermo-Kühlerbypassventils*

6.1.2 Nebenstromfilter

In hochbeanspruchten Hydrauliksystemen sind zwei Nebenstromkonzepte üblich:

a. Filtration im Kühlfilterkreislauf. Dabei wird der Volumenstrom meist über die Kühlerauslegung definiert. Aus filtrationstechnischen

Gesichtspunkten empfiehlt es sich, einen Volumenstrom, der größer ist als der mittlere Hauptpumpenvolumenstrom, zu wählen.

b. Pflegefiltration zur Reduktion von Feinstpartikeln und Ölalterungsprodukten: Dabei werden Filterelemente mit einer Feinheit von 2 μm mit $ß_2$-Werten größer 200 eingesetzt. Der Volumenstrom ist anwendungsabhängig und wird meist mit 1 % des Tankvolumens angesetzt. Diese Konzepte werden meist zur Nachrüstung eingesetzt und haben nur geringe Auswirkungen auf den thermischen Ölhaushalt.

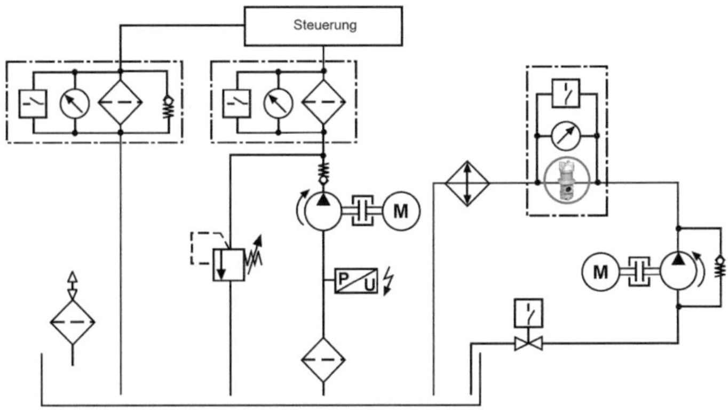

Abb. 6.15: *Einbauort Nebenstromfilter*

Durch die kontinuierliche Filtration lassen sich unabhängig vom Arbeitszyklus der Maschine in Verbindung mit Feinstfilterelementen hervorragende Ölreinheiten erzielen. Eine gleichmäßige Ölströmung über das Filterelement führt zu guten realen Abscheidewerten. Zudem entlasten Nebenstromfilter die Hauptstromfilter; dadurch werden deren Wechselintervalle verlängert. Sie können jedoch keinen Komponentenschutz übernehmen, sodass sie zusätzlich zu Hauptstromfiltern eingesetzt werden sollten. Die Vorteile der Nebenstromfiltration liegen in der systemunabhängigen Filtration und der hohen Schmutzaufnahme durch geringe, pulsationsfreie und konstante Durchströmung. Da Nebenstromfilter bei niedrigem Drücken eingesetzt werden, sind die Gehäuse preisgünstig. Auch die Ersatzelementkosten sind relativ gering, weil die Filterelemente auf die Schmutzaufnahmekapazität und nicht auf Differenzdruckstabilität ausgelegt sind.

Nebenstromfilter haben geringe Wartungs- und Maschinenstillstandszeiten und entwässern optional das Fluid, wodurch sich die Standzeit des Fluids im System erhöht und die Life Cycle Cost reduziert. Sie sind problemlos in Systeme mit unzureichender Filtration nachrüstbar und ohne Stillstandzeiten wechselbar. Allgemein sollten Nebenstromfilter dann vorgesehen werden, wenn hohe Schmutzeindringraten zu erwarten sind, wie z. B. bei Serien-Prüfständen und Reinigungsanlagen, in Großanlagen in staubhaltiger Umgebung, bei der Installation eines separaten Kühlkreislaufs und bei stark wechselnden Volumenströmen im System.

6.1.3 Tankbelüftungsfilter

Die Tankbelüftungsfilter gehören zu den wichtigsten Gliedern beim Filterkonzept. In Folge von Temperaturveränderungen sowie durch den Einsatz von Zylindern bzw. Druckspeichern unterliegt das Ölniveau in den Behältern von Hydraulik- und Schmieranlagen permanenten Schwankungen. Die entstehende Druckdifferenz zur Umgebung wird durch Luftaustausch ausgeglichen, wodurch Schmutz in den Behälter gelangen kann. Das Eindringen dieses Schmutzes wird durch den Einsatz von Belüftungsfiltern verhindert. Idealerweise sollte dieser mindestens die gleiche Filterfeinheit wie die Systemfilter im Hydraulikkreis aufweisen. Durch den Einsatz von Belüftungsfiltern mit Doppelrückschlagventilen lässt sich der Luftaustausch zwischen Behälter und Umgebung erheblich reduzieren, wodurch der Eintritt von Schmutz und Staub minimiert und die Standzeit des Belüftungselementes erhöht werden kann. Bei hohen Temperaturveränderungen und hoher Luftfeuchtigkeit gelangt zusätzlich Wasser in den Tank. Filter können auch das Eindringen von Wasser verhindern und verbessern somit das Fluidverhalten.

Zur optimalen Auslegung sollte Folgendes beachtet werden:

- Filterfeinheit Belüftungsfilter = Filterfeinheit Hydraulikfilter
- nur Belüftungsfilter mit absoluter Abscheiderate einsetzen
- maximal zulässiger Anfangsdruckverlust: 0,01 bar empfohlen, kann nötigenfalls auf bis zu 0,05 bar gesteigert werden (bei sauberem Filterelement und Auslegungsluftdurchsatz, beeinflusst durch die maximalen Schwankungen des Ölspiegels)

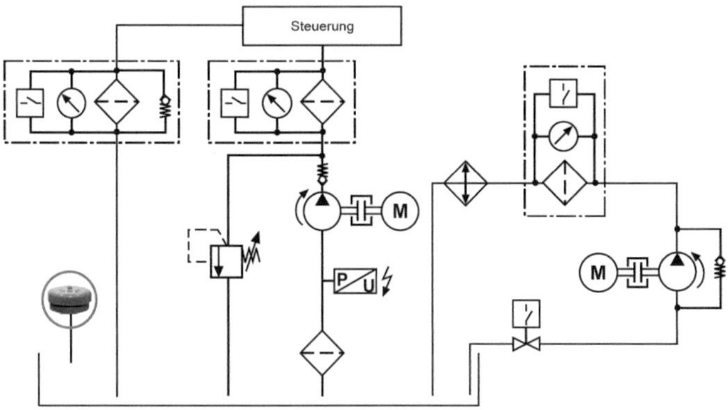

Abb. 6.16: *Einbauort Tankbelüftungsfilter*

Bei kleineren Hydraulikbehältern erfolgt die Behälterbefüllung über den Einfüll- und Belüftungsfilter. Dies sollte jedoch nach Möglichkeit vermieden werden. Es empfiehlt sich die Befüllung über einen separaten Anschluss am Hydraulikbehälter oder vor dem Rücklauffilter vorzunehmen. Diese Zwangsbefüllung sollte mittels eines transportablen Filteraggregates erfolgen, damit die Hydraulikflüssigkeit mit der vorgeschriebenen Flüssigkeitsqualität eingefüllt wird.

Anforderungen an Belüftungsfilter:

- Die Ansaugöffnungen müssen möglichst hoch über dem Behälterdeckel angeordnet sein (min. 20 mm), damit ein Ansaugen des auf dem Tank abgelagerten Schmutzes verhindert wird
- Zur Überwachung der Elementverschmutzung ist eine Verschmutzungsanzeige sinnvoll
- Der verwendete Verschlussdeckel muss genügend Schutz gegen Spritzwasser bieten

6.2 Filterkonzepte

Autor: W. Rocca, Fa. Argo Hytos

Die Filtration in mobilen Arbeitsmaschinen verfolgt im Wesentlichen zwei Ziele – einerseits den Verschleißschutz und andererseits den Funktionsschutz. Beides dient dem Ziel der hohen Verfügbarkeit der Anlage und einem sicheren Betrieb. Die Wahl des Filtrationskonzepts ist einer der wichtigsten Faktoren für einen reibungslosen und sicheren Betrieb einer mobilen Arbeitsmaschine.

6.2.1 Filtermedien und Filterelement

Für die Filtration von Hydraulikmedien finden vorzugsweise drei Filtermedien Verwendung:

- Zellulose — Naturstoff, inhomogenes Fasergemisch
- Glasfaser — Glasfasergemisch, gezielt erzeugt und gemischt
- Polyester — homogene Fasern, gezielt erzeugt und gemischt

Diese Werkstoffe werden als Filtervliese mit unterschiedlicher Dicke, Breite und Fasermischung ein- oder mehrlagig hergestellt, **Abb. 6.17**.

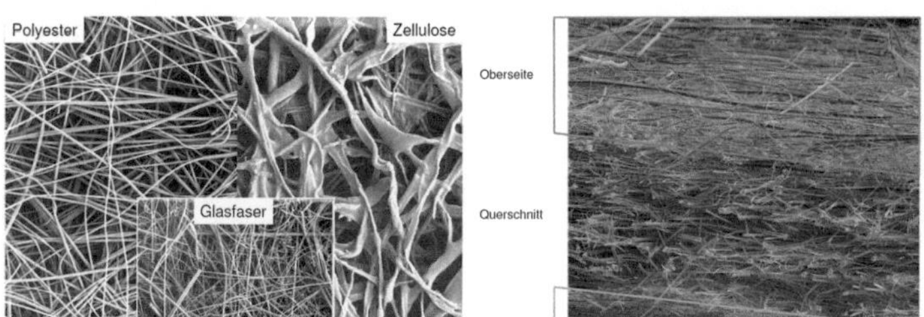

Abb. 6.17: *Filterwerkstoffe, Filtervlies im Querschnitt*

In Klingen- oder Rotationsfaltmaschinen werden diese Vliese zusammen mit Draht-, Kunststoff- oder Hybridgeweben zu sterngefalteten Filterbalgen verarbeitet (bis zu acht Lagen). In Verbindung mit unterschiedlichen Metall- und Kunststoffformteilen werden daraus durch Fügen und Kleben Filterelemente hergestellt. Form, Länge, Durchmesser, Filterfeinheit, Schmutzaufnahmekapazität und Lagenaufbau werden durch die spätere Verwendung bestimmt. Neben maßlich und funktional vergleichbaren Standard-Filterbaureihen entsteht durch die sehr speziellen Anforderungen eine Vielzahl von anwendungsspezifischen Sonderfilterelementen, welche hinsichtlich Gestalt und Funktion auf die Gegebenheiten und Aufgabenstellungen einer Anlage abgestimmt und zugeschnitten sind, **Abb. 6.18**. Unterschiedlich gestaltete Filtergehäuse tragen der jeweiligen Einbau- und Anschlusssituation Rechnung.

Abb. 6.18: *links kundenspezifischer Filter, rechts Standard Druckfilter mit jeweils zugehörigem Filterelement*

6.2.2 Filterauswahl

Die Auswahl des passenden Filters erfordert genaue Kenntnisse sowohl über Einbauraum und Funktion, als auch über Einsatzbedingungen und den zu erwartenden Schmutzanfall. Filterhersteller verfügen üblicherweise über langjährige Felderfahrungen und können bei der Auswahl und Dimensionierung des richtigen Filters unterstützen.

Man kann den Filtern in einem Hydraulikkreislauf nach **Tab. 6.1** drei Grundfunktionen zuordnen:

1.) Arbeitsfilter werden zur Sicherstellung der erforderlichen Ölreinheitsklasse eingesetzt und werden durch die nachstehenden Eigenschaften gekennzeichnet und ausgewählt.

2.) der Schutzfilter wird zum Schutz von Komponenten oder Anlageteilen eingebaut und im Hinblick auf Größe und Feinheit auf die Bedürfnisse der zu schützenden Bauteile abgestimmt.

3.) der Belüftungsfilter erlaubt den Luftaustausch im Tank, verhindert allerdings den Eintrag von Schmutzpartikeln durch die einströmende Luft. Belüftungsfilter sind mit und ohne Ventileinheiten zur Tankvorspannung verfügbar.

***Tab. 6.1:** Filtergrundtypen*

Filter sorgen für den Funktions- bzw. Verschleißschutz

Merkmale	Arbeitsfilter	Schutzfilter	Belüftungsfilter
Aufgabe	Verschleißschutz ▸ Erreichen und Erhalten der notwendigen Reinheitsklasse	Funktionsschutz ▸ Schutz von schmutzempfindlichen Komponenten ▸ Schutz von ausfallgefährdeten Komponenten	▸ Vermeidung von Schmutzeintrag aus der Umgebung bei Tankatmung
Filterfeinheit	▸ Entsprechend der notwendigen Reinheitsklasse	▸ Abhängig von der Schmutzempfindlichkeit der zu schützenden Komponenten	▸ Mindestens wie der oder die Arbeitsfilter
Ausführung	▸ Mit Bypass-Ventil ▸ niederdifferenzdruckfest es Element ▸ Verschmutzungsanzeige	▸ Ohne Bypassventil ▸ hochdifferenzdruckstabiles Filterelement ▸ Verschmutzungsanzeige erforderlich	Optional: ▸ Unterdruckanzeige ▸ Doppelrückschlagventil
Einbauort	▸ Haupt- oder Nebenstrom	▸ VOR der zu schützenden Komponente ▸ NACH der ausfallgefährdeten Komponente	▸ Oberseite Ölbehälter oder integriert im Rücklauffilter
Größe	Abhängig von: ▸ Druckverlust ▸ Filterfeinheit (erford. Ölreinheit) ▸ Volumenstrom ▸ Wartungsintervall ▸ Hydraulikmedium ▸ Externen Bedingungen	Abhängig von: ▸ Druckverlust ▸ Maximalem Volumenstrom ▸ Hydraulikmedium	Abhängig von: ▸ Druckverlust ▸ Max. Luftdurchsatz ▸ Externen Bedingungen

6.2.3 Filterkonzept für einen Traktor

Die **Abb. 6.19** zeigt schematisch ein Filterkonzept für einen Traktor. In diesen Maschinen werden häufig zwei Konstantpumpen verwendet. Der Luftaustausch im gemeinsamen Tank wird über einen Belüftungsfilter realisiert. In diesem Fall wurde das Prinzip der Rücklauffiltration mit Bypass und Saugsieb gewählt. Der eingesetzte Filter vereinigt alle Funktionen in einem Gehäuse. Durch die Integration der Funktionen in ein Filterelement erfolgt die Wartung an einer Stelle mit nur einem Ersatzteil. Der Rücklauf aus Lenkung und Schmierung wird ungefiltert in den Tank geleitet, um unerwünschte Rückstaudrücke in diesen Funktionen zu vermeiden. Der Rücklauf der Arbeitshydraulik wird über das Rücklauffilterelement 16 μm geleitet. Der Filterbypass ist mit einem Siebelement 120 μm versehen, um die Pumpen im Kaltstart zu schützen. Der Heckkraftheber ist mit einem Differentialzylinder ausgestattet und generiert daher je nach Bewegungsrichtung unterschiedliche Rücklaufmengen. Beim Heben des Heckkrafthebers (rot) ist die Rücklaufmenge kleiner als die Saugmenge; in diesem Fall saugen die Pumpen über das Saugsieb nach. Senkt man den Heckkraftheber ab (grün) steht mehr Öl im Rücklauf zur Verfügung als benötigt wird. Der Mengenüberschuss wird über das rückspülbare Saugsieb in den Tank abgeführt.

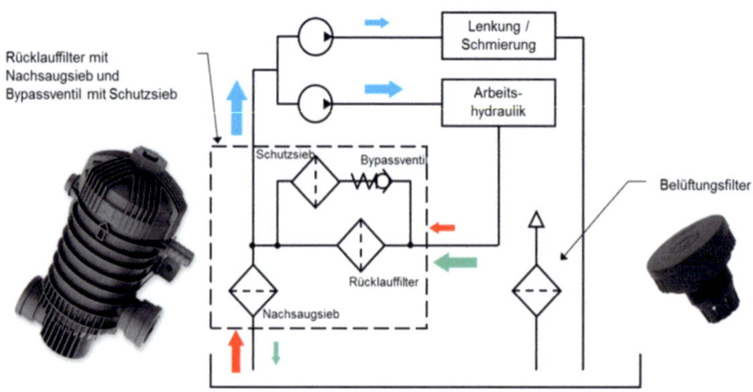

Abb. 6.19: *Filterkonzept für Traktor*

6.2.4 Selbstfahrende Erntemaschine

Die selbstfahrende Erntemaschine verfügt im vorliegenden Fall über einen hydrostatischen Fahrantrieb, hydraulische Lenkung und zwei Pumpen für die Arbeitshydraulik. Eine schematische Darstellung des Filterkonzeptes ist in **Abbildung 6.20** aufgezeigt. Der Rücklauf-Saugfilter stellt das Kernstück dieses Filterkonzeptes dar. Ergänzt wird das Filterkonzept durch einen Belüftungsfilter und einen Saugfilter für eine der beiden Arbeitspumpen. Sowohl eine Arbeits- und Lenkpumpe, als auch die Speisepumpe des geschlossenen Kreislaufs werden aus dem Sauganschluss des Rücklauf-Saugfilters mit gefiltertem und vorgespanntem Öl versorgt. Da die Rückläufe aller vier Pumpen in den Rücklaufanschluss des Rücklauf-Saugfilters geführt werden, jedoch nur drei Pumpen aus dem Sauganschluss des Filters versorgt werden, steht im Filtergehäuse eine Überschussmenge an. Die gefilterte Überschussmenge wird über ein Druckhalteventil mit einem anlagenspezifischen Staudruck in den Tank abgeleitet. Dieser Staudruck steht ebenfalls an den Sauganschlüssen der Lenk-, Arbeits- und Speisepumpen an und verbessert hier das Saugverhalten der Pumpen, speziell im Kaltstart. Der Belüftungsfilter stellt ein wichtiges Element des Filterkonzepts dar und muss zwingend in der Wartungs- und Ersatzteildokumentation des Maschinenherstellers aufgeführt werden. Der Saugfilter schützt die zweite Arbeitspumpe vor Schmutz aus dem Tank. Die Systemreinheit wird jedoch durch den Rücklauf-Saugfilter erzeugt und gehalten.

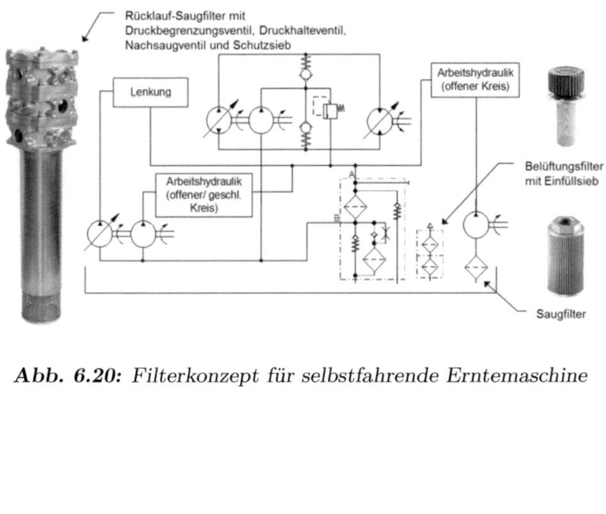

Abb. 6.20: *Filterkonzept für selbstfahrende Erntemaschine*

6.3 Hydraulische Nebenfunktionen

Autor: W. Rocca, Fa. Argo Hytos

Neben den Hauptfunktionen (z. B. Fahrantrieb) werden in mobilen Arbeitsmaschinen eine Vielzahl von Neben- und Hilfsfunktionen hydraulisch realisiert. Diese Nebenfunktionen werden über Konstant- oder Verstellpumpen versorgt, welche meist an den Nebenantrieben oder am Pumpenverteilergetriebe des Verbrennungsmotors angeflanscht werden. Zur Steuerung oder Regelung dieser Verbraucher werden Ventile und Steuerblöcke unterschiedlichster Bauformen und Größen verwendet. Die anwendungsspezifische Kombination von Ventiltechnik, Sensorik und Steuerung ist die Aufgabenstellung an die Anwendungstechnik des Herstellers und/oder des Lieferanten. **Tabelle 6.2** zeigt die Grundformen der Aktoren. Bauform, Größe und spezifische Ausführung werden durch den Einsatzort und Einsatzzweck bestimmt – wobei einzelne Aktoren auch über den Inhalt der Tabelle hinaus eine Mehrfachverwendung finden können.

***Tab. 6.2:** Übersicht der Aktoren und Anwendungsbeispiel*

translatorische Antriebe	Verwendungsbeispiel	**rotatorische Antriebe**	Verwendungsbeispiel
einfach wirkender Zylinder Plungerzylinder	Keilriemenspannung, Parkbremse....	**eindirektionaler Motor**	Wasserpumpe, Gebläse,Vibration...
doppelt wirkender Zylinder Differentialzylinder	Werkzeugverriegelung, Klappenbetätigung, Stützzylinder,...		
Gleichgangzylinder Zyl. mit durchgehender Kolbenstange	Zusatzlenkung, Hundeganglenkung,...	**bidirektionaler Motor**	Lüfter, Winde,Vibration...
Teleskopzylinder	Kippen, Anheben,...		

6.3.1 Ventiltechnik

Die Nebenantriebe führen in modernen Arbeitsmaschinen oft sehr komplexe Arbeits- und Bewegungsvorgänge aus. Um Zylinder und Motoren zielgerichtet zu steuern oder zu regeln bedient man sich der Ventiltechnik. In den vergangenen Jahren entstand eine Vielzahl von anwendungsspezifischen Ventil- und Modullösungen. Alle diese Lösungen können in die vier Grundfunktionen der Ventiltechnik zerlegt werden und sind daraus aufgebaut. Die nachstehenden **Tabellen 6.3, 6.4, 6.5** und **6.6** enthalten einen Überblick über die wesentlichen Ventil- und Funktionsgruppen.

Tab. 6.3: *Überblick Wegeventilfunktionen*

<table>
<tr><th>Funktion</th><th>Funktionsprinzip</th><th>Bauart</th><th>Ansteuerung</th><th>Betätigung</th></tr>
<tr><td rowspan="8">2/2 Wegeventil
3/2 Wegeventil
4/2 Wegeventil
4/3 Wegeventil</td><td rowspan="4">direktgesteuert</td><td rowspan="2">Sitz</td><td>schaltend</td><td rowspan="10">elektromagnetisch
pneumatisch
mechanisch
hydraulisch</td></tr>
<tr><td>proportional</td></tr>
<tr><td rowspan="2">Schieber</td><td>schaltend</td></tr>
<tr><td>proportional</td></tr>
<tr><td rowspan="4">vorgesteuert</td><td rowspan="2">Sitz</td><td>schaltend</td></tr>
<tr><td>proportional</td></tr>
<tr><td rowspan="2">Schieber</td><td>schaltend</td></tr>
<tr><td>proportional</td></tr>
<tr><td rowspan="2">6/2 Wegeventil</td><td>direktgesteuert</td><td rowspan="2">Schieber</td><td rowspan="2">schaltend</td></tr>
<tr><td>vorgesteuert</td></tr>
<tr><td colspan="5">Wegeventil zur Beeinflussung der Bewegungsrichtung des Aktors oder des Volumenstroms</td></tr>
</table>

Tab. 6.4: *Überblick Stromventilfunktionen*

<table>
<tr><th colspan="3">Ventile und Bauteile zur Volumenstrombeeinflussung</th></tr>
<tr><td>Blende
- nicht einstellbar
- einfache Bauform
- Viskositätsabhängigkeit gering</td><td></td><td>Drosselventil
- einstellbar
- einfache Bauform
- viskositätsabhängig</td></tr>
<tr><td>Drosselrückschlagventil
- einstellbar
- wirkt nur in eine Richtung
- einfache Bauform
- viskositätsabhängig</td><td></td><td>2 und 3 Wege Stromregelventil
- einstellbar
- druckunabhängig
- viskositätsabhängig
- mit Umgehungsrückschlagventil verfügbar</td></tr>
<tr><td colspan="3">Stromregelfunktion zur Beeinflussung der Bewegungsgeschwindigkeit oder des Volumenstroms</td></tr>
</table>

Tab. 6.5: Überblick Druckventilfunktionen

<table>
<tr><th>Funktion</th><th>Bauart</th><th colspan="2">Funktionsprinzip</th><th>Betätigung</th></tr>
<tr><td>Druckbegrenzungsventil
Druck vor dem Ventil ist begrenzt auf Druck nach Ventil + Federeinstellung</td><td rowspan="4">Sitz
Schieber</td><td rowspan="2">direkt-
gesteuert</td><td rowspan="2">intern</td><td rowspan="4">elektrisch
proportional
elektrisch schaltend
hydraulisch
mechanisch
pneumatisch</td></tr>
<tr><td>Druckfolgeventil
Druck vor dem Ventil ist begrenzt aus den Druck im Federkammeranschluss des Ventils + Federeinstellung</td></tr>
<tr><td>Druckreduzierventil
Druck nach dem Ventil ist begrenzt auf Druck im Ablass + Federkammeranschluss</td><td rowspan="2">vor-
gesteuert</td><td>extern</td></tr>
<tr><td>Druckabschaltventil
Schaltet einen Volumenstrom in Abhängigkeit eines Steuerdrucks weiter oder zum Tank</td><td>intern</td></tr>
<tr><td colspan="5">Druckventil zur Beeinflussung der Bewegungskraft oder des Druckniveaus in der Anlage</td></tr>
</table>

Tab. 6.6: Überblick Sperrventilfunktionen

Sprerrventile zum Absperren, Positionieren von Aktoren und zur Beeinflussung der Flussrichtung	
Rückschlagventil - einfacher Aufbau - Leckagefrei - nahezu beliebige Baugröße	**sperrbares Rückschlagventil** - einfacher Aufbau - Leckagefrei - unterschiedliche Bauformen verfügbar
entsperrbares Rückschlagventil - einfacher Aufbau - Leckagefrei - unterschiedliche Bauformen verfügbar	**Wechselventil** - einfacher Aufbau - Leckagefrei - unterschiedlichste Bauformen
Senkbremsventil - Leckagefrei - unterschiedliche Baugrößen - ein- oder mehrstufig - unterschiedliche Aufsteuerverhältnisse	**Rohrbruchsicherung** - einfacher Aufbau - nahezu beliebige Baugröße

6.3.2 Funktionsprinzipien

In der Ventiltechnik unterscheiden sich zwei grundlegende Funktionen, zum einen Schaltfunktionen und zum anderen Stetigfunktionen, **Tab. 6.7**. Unabhängig davon, auf welche hydraulische Größe ein Schaltventil in einer Anlage Einfluss nimmt, kennt es nur zwei Zustände: betätigt und unbetätigt. Die Beeinflussung der Übergangsgeschwindigkeit vom einen zum anderen Betriebszustand ist nicht stetig, denn das Stellglied kann weder gezielt in einer Zwischenstellung gehalten werden, noch kann eine spezifische Zwischenposition gezielt angefahren werden. Stetigventile hingegen zeichnen sich dadurch aus, dass alle beliebigen Positionen des Stellgliedes gezielt erreicht werden können. Mit welcher Genauigkeit dies möglich ist hängt von der konstruktiven Ausführung, dem Aufbau der Steuerkette oder des Regelkreises, von äußeren Störgrößen und der fertigungsbedingten Eigenhysterese der Bauteile ab.

Tab. 6.7: *Funktionsprinzipien Ventiltechnik*

Ansteuerung	Wirkprinzip	Betätigungsart	Beispiel
schaltend	direktgesteuert	elektrisch	3/2 Wegeventil
		hydraulisch intern/extern	Wechselventil
		pneumatisch extern	4/3 Wegeventil für EX-Schutz
		mechanisch	Rollnockenventil
	vorgesteuert	elektromechanisch	2/2 Wegesitzventil
		hydraulisch intern/extern	Senkbremsventil
		pneumatisch extern	2 Wege Einbaulogicelement
stetig (proportional)	direktgesteuert	elektrisch	Prop. Druckbegrenzungsventil
		hydraulisch intern/extern	Druckwaage
		pneumatisch extern	Fahrbremse
		mechanisch	Handhebelventil
	vorgesteuert	elektromechanisch	Proportional Druckminderventil
		hydraulisch intern/extern	Stromregelventil
		pneumatisch extern	4/3 Wegeventil für EX-Schutz

Neben der Ansteuerung unterscheidet man die Wirkprinzipien nach direkt- und vorgesteuert. Direktgesteuerte Ventile, vgl. **Abb. 6.21** sind dadurch gekennzeichnet, dass eine Stell- oder Betätigungskraft ohne verändernde Zwischenglieder oder Übersetzungen auf das Stellglied wirkt. Einfacher Aufbau, Robustheit und Zuverlässigkeit zeichnen diese Ventile im Allgemeinen aus.

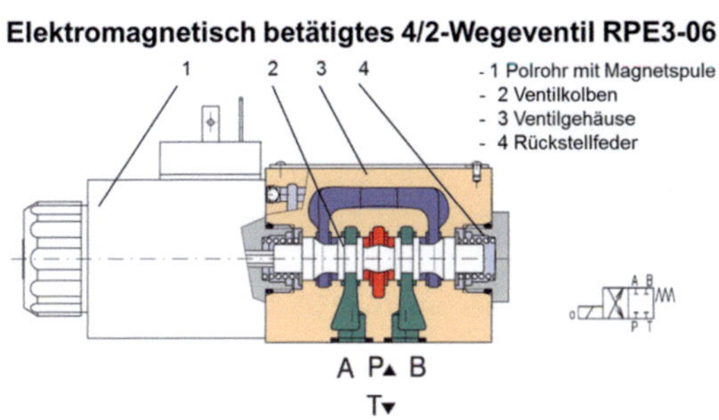

Abb. 6.21: *Direktgesteuertes, elektromagnetisch betätigtes Wegeventil*

Vorgesteuerte Ventile, vgl. **Abb. 6.22**, verfügen über mechanische Stellglieder, Umlenkungen, hydraulische oder pneumatische Wirkflächenverhältnisse oder Blendenkombinationen, welche eine Veränderung der Betätigungskräfte hinsichtlich Wirkrichtung, Weg oder Kraft hervorrufen. Diese können sowohl innerhalb als auch außerhalb des eigentlichen Ventilkörpers erzeugt, abgegriffen oder vorverarbeitet werden.

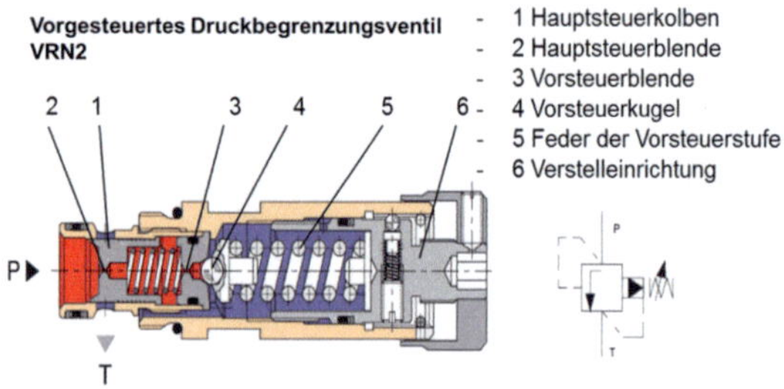

Abb. 6.22: *Vorgesteuertes Druckbegrenzungsventil*

Eine der am weitesten verbreiteten Betätigungsarten ist ohne Zweifel die elektromechanische Betätigung. Hierbei wird der in einem Polrohr beweglich gelagerte Anker aus ferromagnetischem Material durch eine elektrisch durchflossene Leiterwicklung (Spule) außerhalb des Polrohrs mit einer Kraft in eine Richtung bewegt. Diese Kraft wird z. B. auf den Ventilkolben übertragen und dieser öffnet oder verschließt Verbindungsbohrungen im Ventilgehäuse. Je nach Anwendung, Verfügbarkeit, Umgebungsbedingungen oder Sicherheitsvorschriften wird die passende Betätigungsart gewählt.

6.3.3 Funktionsanalyse und Projektierung

Um einen Steuerblock oder einen Hydraulikschaltplan zu projektieren sind einige grundlegende Voraussetzungen zu schaffen. Nachstehend einige Fragen, die für jeden Verbraucher mit Blick auf die Projektierung geklärt werden müssen:

- max. Volumenstrom in alle Bewegungsrichtungen
- max. Druck in alle Bewegungsrichtungen

- Anforderung an die Bewegung des Verbrauchers, z.B. bis zur Endlage, Positionierung, kraftgeregelt, weggeregelt, geschwindigkeitsgeregelt, Mischformen daraus, Anfahr- und Anhalterampen
- Sicherheitsvorschriften, Normen, Gesetze die die Anlage oder Teile der Anlage betreffen
- Umweltnormen und Richtlinien
- Äußere Einflüsse, die auf die Verbraucher wirken – Kräfte, Temperaturen, Drücke
- Umgebende Medien
- Elektrische Größen (Ansteuerung, Sensorik)
- Bauraum

Im Zuge der Projektierung werden alle Informationen zu einem Schaltplan und einer Stückliste verarbeitet. Bei der Erstellung dieser zentralen Dokumente müssen alle relevanten Daten Berücksichtigung finden. Im Allgemeinen ist ein erster Schaltplanentwurf das Ergebnis der Projektierung. In der Phase der Optimierung finden viele Einflussfaktoren Beachtung **Tab. 6.8**, die je nach Anwendung und/oder Kundenwunsch unterschiedlich stark berücksichtigt werden müssen und vor allem für die Komponentenauswahl von entscheidender Bedeutung sind.

Tab. 6.8: *Überblick Optimierungspotentiale hydraulischer Schaltungen*

Optimierungsrechnungen für hydraulische Schaltungen			
Geräusch	Modularität	Stoßempfindlichkeit	Druckspitzen
Langlebigkeit	Spannungstoleranz	Preis	Servicefreundlichkeit
Einbauraum	Oberflächentemperatur	Stromverbrauch	Vibrationen
Druckverlust	Schaltschläge	Schmutzempfindlichkeit	rückwärts Kompatibilität
Anordnung der Ventile	Regelbarkeit	Feinfühligkeit	Komfort
Anzahl der Wartungsteile	Zahl untersch. Ersatzteile	Korrosionsbeständigkeit	....

Das Ergebnis aus Funktionsanalyse und Projektierung ist eine auf die Bedürfnisse der Anwendung und des Kunden zugeschnittene Systemlösung, wie in **Abb. 6.23** beispielhaft an Hand einer Verdichtungsmaschine gezeigt.

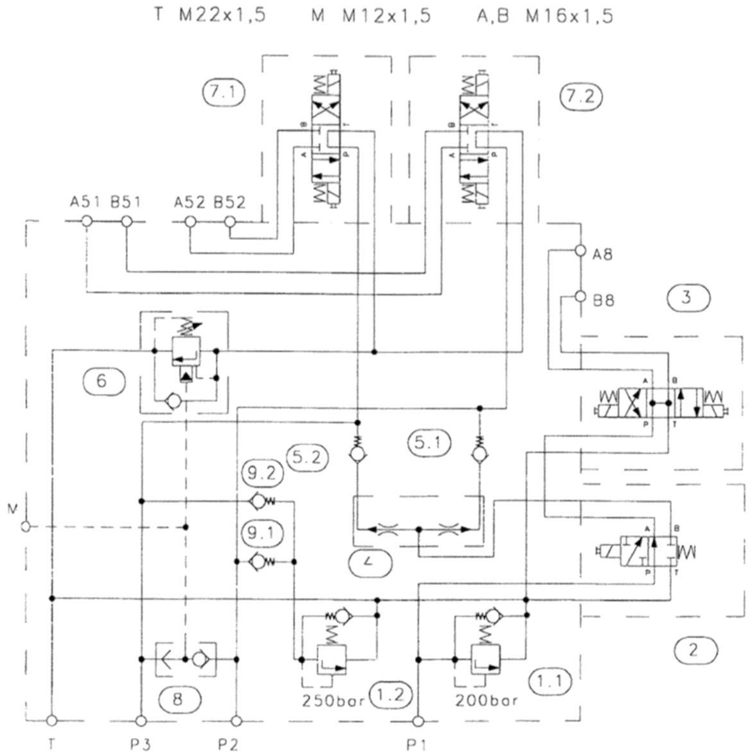

Abb. 6.23: *Schaltplan einer Verdichtungsmaschine*

Literaturverzeichnis

[Ad12] Adam, H.: Vorlesung "Mobile Arbeitsmaschinen" am Karlsruher Institut für Technologie KIT, 2012.

[Ax09] Axin, M., Eriksson, B. und Palmberg, J.-O.: Energy Efficient Load Adapting System without Load Sensing – Design and Evaluation, 11th Scandinavian International Conference on Fluid Power, Linköping, 2nd/3rd June 2009. In: Proceedings of the 3rd June, S. 58-59.

[Ba91] Barrelmeyer, Th.: Automatisierter Schwebeprüfstand für Schüttgut. Chemie Ingenieur Technik 63 (1991) Nr. 12, S. 1245-1247, 1991.

[Ba00] Barrelmeyer, Th.: Nicht-konventionelle Mähdrescher-Technologie. VDI-Tagung Agrartechnik S. 45-49, 2000.

[Ba07] Babiel, G.: Elektrische Antriebe in der Fahrzeugtechnik, Vieweg, 2007.

[Be06] Beck, H.: Vorortelektronik für Arbeitsmaschinengetriebe. Fachtagung Baumaschinentechnik, Dresden, 2006.

[BR] Internet: http://www.boschrexroth.de.

[Br13] Breu, W., B. Pichlmaier, A. Szajek: Electrification of Tractors – Challanges and Strategies. In: Tagungsband Land.Technik AgEng, Hannover, 2013, S. 9-14. Düsseldorf: VDI Verlag, 2013.

[Bu01] Buchmann, I.: Batteries in a Portable World, Cadex Electronics Inc., Richmond BC, Canada, 2001.

[Bu14] Buchmann, I.: Battery University, Cadex Electronics Inc., http://www.batteryuniversity.com, 2014.

[Cl] Werkbild CLAAS.

[Co09] Conte, F.V.: Sicherheitsrelevantes Design von Lithium-Ionen-Batterien, ATZelektronik Ausgabe Nr.: 2009-01.

[Da13] Danfoss: Technical Information H1Bent Axis Variable Displacement Motors – Size 060, 080, 110, 160, 250, 11037153 – Rev GB – Oct 2013.

[Da13.1] Danfoss: Basic Information H1 Axial Piston Pumps – Single and Tandem, 11062168 – Rev EA – Oct 2013.

[De] Internet: http://www.deutz.com.

[Dj07] Djurovic, M.: Energiesparende Antriebssysteme für die Arbeitshydraulik mobiler Arbeitsmaschinen, „Elektrodydraulisches Flow Matching". Dissertation, TU Dresden, 2007, Shaker Verlag, Aachen.

[Dj08] Djurovic, M.: Elektrohydraulisches Flow Matching. Dissertation Shaker Verlag, 2008.

[EG97] Richtlinie 97/68/EG des europäischen Parlaments und des Rates vom 16. Dezember 1997 zur Angleichung der Rechtsvorschriften der Mitgliedsstatten über Maßnahmen zur Bekämpfung der Emissionen von gasförmigen Schadstoffen und luftverunreinigenden Partikeln aus Verbrennungsmotoren für mobile Maschinen und Geräte.

[EG03] Richtlinie 2003/37/EG des Europäischen Parlaments und des Rates vom 26. Mai 2003 über die Typgenehmigung für land- oder forstwirtschaftliche Zugmaschinen, ihre Anhänger und die von ihnen gezogenen auswechselbaren Maschinen sowie für Systeme, Bauteile und selbstständige technische Einheiten dieser Fahrzeuge und zur Aufhebung der Richtlinie 74/150/EWG.

[EG06] Richtlinie 2006/42/EG des europäischen Parlaments und des Rates vom 17. Mai 2006 über Maschinen und zur Änderung der Richtlinie 95/16/EG (Neufassung).

[Fe08] Fedde, Th.: Elektrohydraulische Bedarfsstromregelung am Beispiel eines Traktors, Dissertation, TU Braunschweig, 2008. Hrsg.: Freundes- und Förderkreis des Instituts für Landmaschinen und Fluidtechnik e.V., Shaker Verlag, Aachen.

[Fi11] Finzel, R.: Elektrohydraulische Steuerungssysteme für mobile Arbeitsmaschinen. Dissertation, TU Braunschweig, 2011.

[Fl13] Fleczoreck, T.: Effizienzbewertung von Antrieben mobiler Arbeitsmaschinen am Beispiel eines Mähdreschers. Dissertation, TU Braunschweig, 2013.

[Ga13] Garbers, H.: Ernte und Ernteprozesse von Mähdruschfrüchten – Trends und Entwicklungen, 12. Fachtagung LAND.TECHNIK für Profis, Technik für die Getreideernte, Harsewinkel, 23./24. Januar 2013.

[Ge12] Geimer, M.: Grundlagen der Fluidtechnik. Skript zur Vorlesung, Karlsruher Institut für Technologie KIT, Wintersemester 2013/13.

[Gr07] Grad, K.: Nkw-Stufenlosgetriebe (CVT). In: Naunheimer H., Bertsche B. und G. Lechner: Fahrzeuggetriebe – Grundlagen, Auswahl, Auslegung und Konstruktion. 2. Auflage. Berlin, Heidelberg, New York: Springer-Verlag, 2007.

[He08] Hense, H., Riggenmann, F. und Wille, T.: Shift on Fly: Automatisierung des Schaltens während der Fahrt mit Stillstandsschaltgetrieben. 5. Kolloquium Mobilhydraulik, Karlsruhe, 16./17. Oktober 2008.

[He13] Herlitzius, T.: Wir müssen den Mähdrescher neu definieren. Eilbote (2013), Nr. 12, S. 8-13, 2013.

[IBM] IBM Research Zürich: Battery 500-Projekt, Pressemiteilung, Rüschlikon, Schweiz, 2012.

[ISO99] ISO 4406:1999: Hydraulic fluid power – Fluids – Method for coding the level of contamination by solid particles, International Organization for Standardization, http://www.iso.org.

[ISO08] ISO 16889:2008: Hydraulic fluid power – Filters – Multi-pass method for evaluating filtration performance of a filter element, International Organization for Standardization, http://www.iso.org.

[Iv01] Ivantysyn, J., Ivantysynova, M.: Hydrostatic Pumps and Motors: Principles, Design, Performance, Modelling, Analysis, Control and Testing, 1st English Edition, abi-Verlag, 2001.

[Ja06] Jähne, H. et al.: Antriebsstrangkonzepte mobiler Arbeitsmaschinen. Fachtagung Baumaschinentechnik, Dresden, 05.-06. Oktober 2006. In: Schriftenreihe der Forschungsvereinigung Bau- und Baustoffmaschinen, S. 59-74.

[JC] Johnson Controls, Power Solutions: Products, http://www.johnsoncontrols.com.

[Ke11] Kettelhoit, B.: Optimierung der Mähdreschereinstellungen mit dem Assistenzsystem CEMOS, Fachtagung Mobile Machines, Karlsruher Institut für Technologie, Karlsruhe, 29./30. März 2011.

[Km13] Kautzmann, T.: Die mobile Arbeitsmaschine als komplexes System, Dissertation, Karlsruher Institut für Technologie KIT, 2013.

[Kn11] Knechtges, H., Renius, K. Th.: Traktoren 2010/2011. ATZ 2011: Sonderausgabe „ATZ offhighway“, November 2011, S. 10-20.

[Ko08] Kohmäscher, T.: Modellbildung, Analyse und Auslegung hydrosratischer Antriebsstrangkonzepte. Dissertation, RWTH Aachen, 2008. In: Reihe Fluidtechnik, Band 51, Shaker Verlag, Aachen, ISBN 978-3-8322-7764-2.

[Ko11] Köhler, U.: Die Lithium-Ionen-Batterie, Vortrag MobiliTec 2011, Hannover, 2011.

[Ku89] Kutzbach, H.-D.: Allgemeine Grundlagen Ackerschlepper Fördertechnik. Lehrbuch der Agrartechnik, Band 1, Schriftenreihe „Pareys Studientexte“ Nr. 37, Hamburg, Berlin: Parey, 1989, ISBN 3-490-19815-8.

[Ku92] Kutzbach, H.-D.: Vorlesungsmanuskript Universität Stuttgart, 1992.

[Ku97] Kutzbach, H.-D.: Vorlesung Ackerschlepper, Universität Hohenheim, 1997.

[Ku13] Kutschenreiter, W.: Strategien und Strukturen Agrartechnik business, 3/2013, DLV, S. 2-5.

[Ku13.1] Kutschenreiter, W.: Großes Traktorenjahr Agrartechnik business, 4/2013, DLV, S. 2-6.

[La06] Lang, T.: Faszination mobile Arbeitsmaschine – Ein Überblick. Vortrag beim VDI Bezirksverein Braunschweig am 23.5.2006, http://at.vdi-bs.de/Veranstaltungen/ Phaeno 2006/2006 05 VDI BV.pdf, Stand: 21.3.2012.

[La06.1] Latour, Ch.:Elektrohydraulische Flow-Matching (EFM) – Die nächste Generation von Load-Sensing-Steuerungen. Mobile 2006 – Internationaler Fachkongress für Mobilhydraulik, Ulm, 19.-20. Oktober 2006. In: Tagungsband, S. 211-217.

[La11] Lang, T. Hydraulische Antriebstechnik in mobilen Arbeitsmaschinen. Habilitation, TU Braunschweig, 2011, ISBN:978-3-8440-0022-1.

[Lh] Internet: http://www.liebherr.com.

[Li95] Linden, D., Reddy, T.B.: Handbook of Batteries, McGraw-Hill, New York, 1995.

[Li08] Linde Gas: Rechnen Sie mit Wasserstoff. Die Datentabelle, Linde Gas GmbH, Wien, 2008.

[LiTec] Li-Tec Battery GmbH, http://www.li-tec.de.

[Lo92] Lödige, H.: Nutzbare Leistung einer LS-Hydraulik. O+P Nr.4, 1992.

[Ma04] Martinus, M.: Funktionale Sicherheit von mechatronischen Systemen bei mobilen Arbeitsmaschinen. Dissertation, TU München, 2004, http://nbn-resolving.de/urn/resolver.plurn:nbn:de:bvb:91-diss2004120618637.

[Mu07] Murrenhoff, H.: Grundlagen der Fluidtechnik Teil1: Fluidtechnik. Aachen: Verlag Mainz, 2007.

[Mu98] Murrenhoff, H. und Wallentowitz, H.: Fluidtechnik für mobile Anwendungen. IFAS, 1998.

[NN91] N.N.: LSC-System spart Energie und erhöht Komfort, O+P Ölhydraulik und Pneumatik, Nr. 7, 1991.

[NWB] Netzwerk Brennstoffzelle und Wasserstoff NRW, http://www.brennstoffzelle-nrw.de, 2013.

[Pi11] Pichlmaier, B.: Traktionsmanagement für Traktoren, Diss. TU München, 2011.

[Pi12] Pilch, G.: Die Kraft im Inneren der Kolben. Kleine Zeitung, 27.12.2012, S. 26-27, 2012.

[Pr13] Profi: Ausgabe 8, S. 73, Landwirtschaftsverlag Münster-Hiltrup, 2013.

[Re95] Renius, K.Th.: Vorlesung Traktoren und Erdbaumaschinen. Technische Universität München, 1995.

[Re01] Renius. K. Th.: Hydrostatische Fahrantriebe für mobile Arbeitsmaschinen - Überblick zum Stand der Technik, Wissensportal baumaschine.de, 1(2004).

[Re04] Renius, K. Th. und Martinus, M.: Motoren und Getriebe bei Traktoren. In: Jahrbuch Agrartechnik Band 16, Landwirtschaftsverlag, Münster, 2004, ISBN 3-7843-3272-2, S. 60-66.

[Re04.1] Renius, K. Th: Hydrostatische Fahrantriebe für mobile Arbeitsmaschinen – Überblick zum Stand der Technik, Wissensportal Baumaschine.de, 2004.

[Re07] Renius, K. Th. und Geimer, M.: Motoren und Getriebe bei Traktoren. In: Jahrbuch Agrartechnik Band 19, Landwirtschaftsverlag, Münster, 2007, ISBN 3-7843-3438-5, S. 57-64.

[Re12] Renius, K. Th.: Vorlesung „Traktoren und Erdbaumaschinen“, TU München, Stand Wintersemester 2012/13.

[Ro12] Roos, L. et al.: Untersuchung des Rekuperationspotentials eines Mehrverbrauchersystems anhand des Einsatzprofils eines Teleskopladers. 7. Kolloquium Mobilhydraulik, Karlsruhe, 27./28. September 2012. In: Karlsruher Schriftenreihe Fahrzeugsystemtechnik, Band 14, ISBN 978-3-86644-881-0, S. 91-108.

[Sc92] Scheffels, G.: Hydraulik in Fahrzeugkränen: Neues Load-Sensing, O+P Ölhydraulik und Pneumatik, Nr. 4, 1992.

[Sc97] Schaeff, H.: EP0638471B1, Ladenburg.

[Sc03] Schweighofer, B., et al.: Modeling of High Power Automotive Batteries by the Use of an Automated Test System, IEEE Transactions on Instrumentation and Measurement, Vol. 52, No. 4, 2003.

[Sc11] Schneider, K.: Liebherr Pactronic – Hybrid Power Booster. 3. Fachtagung Hybridantriebe für mobile Arbeitsmaschinen, Karlsruhe, 17. Februar 2011. In: Karlsruher Schriftenreihe Fahrzeugsystemtechnik, Band 7, ISBN 978-3-86644-599-4, S. 163-171.

[Sc12] Scheufler, B.: http://www.CC-Agri.de, 2012.

[Se12] Seeger, Jörg: Neues Doppelkupplungsgetriebe für Traktoren, ATZ offhighway, Oktober 2012, S. 58ff.

[St86] Steinkampf, H.: Betriebseigenschaften von Ackerschlepperreifen bei unterschiedlichen Einsatzbedingungen. Wissenschaftliche Mitteilungen der Bundesanstalt für Landwirtschaft Braunschweig Völkenrode (FAL), Landbauforschung Völkenrode, Sonderheft 80 (1986).

[Th11] Thiebes, P.: Hybridantriebe für mobile Arbeitsmaschinen. Dissertation, Karlsruher Institut für Technologie KIT, 2011. In: Karlsruher Schriftenreihe Fahrzeugsystemtechnik, Band 10, ISBN 978-3-86644-808-7.

[Tu06] Tübke, J.: Elektrische Speicher - Stand und Perspaktiven der Technik, Frauenhofer ICT, Pfinztal, 2006.

[Uh10] Uhlig, F.: DLG-PowerMix – der „Acker im Labor“ DLG-Testzentrum Technik und Betriebsmittel, Groß-Umstadt, Pressemitteilung der DLG vom 20. Mai 2010.

[Vo07] Volk, L.: Lehrmaterial Dieseleffizienz und Bodenschutz 2007.

[Wa04] Walter Durth, H. H.: Handbuch Straßenwinterdienst. Bonn: Kirschbaum Verlag, 2004.

[Wa11] Wallentowitz, H.: Freialdenhoven, A.: Strategien zur Elektrifizierung des Antriebsstranges, ATZ/MTZ-Fachbuch, Vieweg und Teubner Verlag, 2011.

[We95] Weishaupt, E. und Voelker: Energiesparende elektrohydraulische Schaltungskonzepte. O+P Nr. 2, 1995.

[Wi89] Wilks, E. und M. Paul: Driven Front Axles for Agricultural Tractors. ASAE Distinguished Lecture Series No. 14. St. Joseph, MI, 1989.

[WW01] Internet 2013: http://www.finanzen.net/rohstoffe/weizenpreis.

[WW02] Internet: http://www.theglobaleducationproject.org/earth/food-and-soil.php.

[WW03] Internet 2013: http://www.fao.org.

[WW04] Internet 2013: http://tribine.com.

Karlsruher Schriftenreihe Fahrzeugsystemtechnik (ISSN 1869-6058)

Herausgeber: FAST Institut für Fahrzeugsystemtechnik

Die Bände sind unter www.ksp.kit.edu als PDF frei verfügbar oder als Druckausgabe bestellbar.

Band 1 Urs Wiesel
Hybrides Lenksystem zur Kraftstoffeinsparung im schweren Nutzfahrzeug. 2010
ISBN 978-3-86644-456-0

Band 2 Andreas Huber
Ermittlung von prozessabhängigen Lastkollektiven eines hydrostatischen Fahrantriebsstrangs am Beispiel eines Teleskopladers. 2010
ISBN 978-3-86644-564-2

Band 3 Maurice Bliesener
Optimierung der Betriebsführung mobiler Arbeitsmaschinen. Ansatz für ein Gesamtmaschinenmanagement. 2010
ISBN 978-3-86644-536-9

Band 4 Manuel Boog
Steigerung der Verfügbarkeit mobiler Arbeitsmaschinen durch Betriebslasterfassung und Fehleridentifikation an hydrostatischen Verdrängereinheiten. 2011
ISBN 978-3-86644-600-7

Band 5 Christian Kraft
Gezielte Variation und Analyse des Fahrverhaltens von Kraftfahrzeugen mittels elektrischer Linearaktuatoren im Fahrwerksbereich. 2011
ISBN 978-3-86644-607-6

Band 6 Lars Völker
Untersuchung des Kommunikationsintervalls bei der gekoppelten Simulation. 2011
ISBN 978-3-86644-611-3

Band 7 3. Fachtagung
Hybridantriebe für mobile Arbeitsmaschinen. 17. Februar 2011, Karlsruhe. 2011
ISBN 978-3-86644-599-4

Karlsruher Schriftenreihe Fahrzeugsystemtechnik (ISSN 1869-6058)

Herausgeber: FAST Institut für Fahrzeugsystemtechnik

Band 8 Vladimir Iliev
Systemansatz zur anregungsunabhängigen Charakterisierung des Schwingungskomforts eines Fahrzeugs. 2011
ISBN 978-3-86644-681-6

Band 9 Lars Lewandowitz
Markenspezifische Auswahl, Parametrierung und Gestaltung der Produktgruppe Fahrerassistenzsysteme. Ein methodisches Rahmenwerk. 2011
ISBN 978-3-86644-701-1

Band 10 Phillip Thiebes
Hybridantriebe für mobile Arbeitsmaschinen. Grundlegende Erkenntnisse und Zusammenhänge, Vorstellung einer Methodik zur Unterstützung des Entwicklungsprozesses und deren Validierung am Beispiel einer Forstmaschine. 2012
ISBN 978-3-86644-808-7

Band 11 Martin Gießler
Mechanismen der Kraftübertragung des Reifens auf Schnee und Eis. 2012
ISBN 978-3-86644-806-3

Band 12 Daniel Pies
Reifenungleichförmigkeitserregter Schwingungskomfort – Quantifizierung und Bewertung komfortrelevanter Fahrzeugschwingungen. 2012
ISBN 978-3-86644-825-4

Band 13 Daniel Weber
Untersuchung des Potenzials einer Brems-Ausweich-Assistenz. 2012
ISBN 978-3-86644-864-3

Band 14 **7. Kolloquium Mobilhydraulik.**
27./28. September 2012 in Karlsruhe. 2012
ISBN 978-3-86644-881-0

Band 15 4. Fachtagung
Hybridantriebe für mobile Arbeitsmaschinen
20. Februar 2013, Karlsruhe. 2013
ISBN 978-3-86644-970-1

Karlsruher Schriftenreihe Fahrzeugsystemtechnik (ISSN 1869-6058)

Herausgeber: FAST Institut für Fahrzeugsystemtechnik

Band 16 Hans-Joachim Unrau
Der Einfluss der Fahrbahnoberflächenkrümmung auf den Rollwiderstand, die Cornering Stiffness und die Aligning Stiffness von Pkw-Reifen. 2013
ISBN 978-3-86644-983-1

Band 17 Xi Zhang
Untersuchung und Entwicklung verschiedener Spurführungsansätze für Offroad-Fahrzeuge mit Deichselverbindung. 2013
ISBN 978-3-7315-0005-6

Band 18 Stefanie Grollius
Analyse des gekoppelten Systems Reifen-Hohlraum-Rad-Radführung im Rollzustand und Entwicklung eines Rollgeräuschmodells. 2013
ISBN 978-3-7315-0029-2

Band 19 Tobias Radke
Energieoptimale Längsführung von Kraftfahrzeugen durch Einsatz vorausschauender Fahrstrategien. 2013
ISBN 978-3-7315-0069-8

Band 20 David Gutjahr
Objektive Bewertung querdynamischer Reifeneigenschaften im Gesamtfahrzeugversuch. 2014
ISBN 978-3-7315-0153-4

Band 21 Neli Ovcharova
Methodik zur Nutzenanalyse und Optimierung sicherheitsrelevanter Fahrerassistenzsysteme. 2014
ISBN 978-3-7315-0176-3

Band 22 Marcus Geimer, Christian Pohlandt
Grundlagen mobiler Arbeitsmaschinen. 2014
ISBN 978-3-7315-0188-6